高等学校建筑环境与能源应用工程专业规划教材

室内通风与净化技术

王 军 主 编

叶 蔚 邵晓亮 高 然 副主编

路 宾 主 审

U0159856

中国建筑工业出版社

图书在版编目（CIP）数据

室内通风与净化技术/王军主编. —北京：中国建筑
工业出版社，2020.2
高等学校建筑环境与能源应用工程专业规划教材
ISBN 978-7-112-24705-9

Ⅰ．①室… Ⅱ．①王… Ⅲ．①室内空气-通风-
高等学校-教材②室内空气-空气净化-高等学校-教材
Ⅳ．①TU834

中国版本图书馆 CIP 数据核字（2020）第 011069 号

责任编辑：张文胜
责任校对：王 瑞

高等学校建筑环境与能源应用工程专业规划教材
室内通风与净化技术
王 军 主 编
叶 蔚 邵晓亮 高 然 副主编
路 宾 主 审
*
中国建筑工业出版社 出版、发行（北京海淀三里河路 9 号）
各地新华书店、建筑书店经销
霸州市顺浩图文科技发展有限公司制版
廊坊市海涛印刷有限公司印刷
*
开本：787×1092 毫米 1/16 印张：8½ 字数：212 千字
2020 年 1 月第一版 2020 年 1 月第一次印刷
定价：**28.00** 元
ISBN 978-7-112-24705-9
（35099）

前　言

实现安全、健康、舒适、高效的室内环境是现代人工环境营造的重要目标。除了源头治理外，科学合理地利用通风与空气净化技术是实现这一目标的关键途径之一。近年来，随着高标准室内环境和高质量工业生产需求的快速增长，通风与空气净化技术已成为满足这些需求的重要基础条件。同时，随着建筑科学、材料科学、人工环境学、机电设备、智能控制理论等的快速发展，通风与空气净化技术也实现了巨大进步，相应也能够更加满足多场合、宽领域的应用需求。通风与空气净化技术是高等院校建筑环境与能源应用工程专业教学体系的重要内容，本书就是为该专业学生系统性学习通风与空气净化相关课程而编写的，可作为这些课程的教学用书。

本书作为四川大学精品立项建设教材，其内容结构和知识体系符合探究式与启发式过程教学的需求，注重学生科学素养和创新能力的培养。全书系统地介绍了室内空气污染的产生规律与特征、通风控制室内空气污染的原理与方法、空气洁净技术与原理、室内空气环境品质评价方法及标准、室内通风与净化技术的应用等。同时，附录中给出了我国不同城市新装修和既有居住建筑室内甲醛、苯系物监测浓度水平、不同类型建筑的新风量指标要求，供学生查阅。

全书共6章，第1章、第2章（部分内容）、第3章（部分内容）、第4章、第5章（部分内容）、第6章（部分内容）由四川大学王军编写，第2章（部分内容）、第5章（部分内容）由同济大学叶蔚编写，第3章（部分内容）由北京科技大学邵晓亮编写，第3章（部分内容）、第6章（部分内容）由西安建筑科技大学高然编写。全书由四川大学王军统稿，由中国建筑科学研究院路宾教授担任主审。

本书在编写过程中参考了国内外诸多学者的著作，参阅了近年来国内外发表的关于通风与净化技术研究的科技文献和相关标准规范。在此，向各位作者表示感谢。

由于编者水平有限，书中难免存在疏漏与不妥之处，敬请各位专家和读者批评指正。

目　　录

第1章 绪　　论

　　营造安全、健康、舒适和高效的室内空气品质（Indoor Air Quality，IAQ）环境既是当代建筑环境营造的重要目标，又是通风与净化空调研究领域需要解决的重要问题。在这一目标的实现和问题解决的过程中，需要在机理认识的基础上寻求新的科学方法来解决由于目前建筑环境污染的新特点、室内空气过程的复杂性、现有通风调控方式的局限性、单一空气净化技术的局限、建筑节能与服务质量提升的双重性所产生的影响和制约。本书将从污染源、通风、空气净化技术三个方面系统性阐述室内通风与净化领域的基本原理、规律以及新技术、新方法、新应用。

1.1　室内通风与净化的科学问题

1. 室内空气污染的特征

　　围绕室内通风与净化领域研究的前沿问题和热点问题（涵盖通风、污染源散发控制、空气净化三个方面），可以发现室内污染来源的不确定性在增加，已知污染源的散发规律和污染组分构成还难以完全确定；同时，目前诸多空气净化措施本身成为污染源。因此，寻求高效的通风、使室内人员获得的有效新风量最大、受到的污染暴露量最小既是解决当前室内多组分、低浓度污染问题的重要选择，也是对"以人为本"室内环境营造这个主题的回归。实际上，ASHRAE 标准已指出向室内送新风对改善 IAQ 具有不可替代性。

2. 室内空气过程的双重作用

　　室内空气过程中的物理作用和化学作用对通风调控具有约束性。室内"人体微环境"IAQ 的改善是一个涉及质量迁移（物理）与物质转化（化学）的过程。一方面，上述过程取决于人体微环境的气流流动条件与流场特性（即矢量输运）、污染源条件和通风条件；同时，矢量输运又与通风条件和气流组织模式密切相关。对于质量迁移问题，针对确定的污染源条件，气流组织模式和通风条件将决定室内的污染物浓度分布情况，并据此判断是否实现有效通风。另一方面，受到室外大气质量的影响，随空调通风系统进入室内的臭氧（O_3）等化学组分会诱发室内化学反应，产生二次污染物；通风能够通过改变化学反应组分的浓度、停留时间和室内热湿环境水平来影响室内化学反应过程。例如，通风量的增加将使室内各点 O_3 浓度更加接近送风口处的浓度，若送风质量下降即引起室内各点 O_3 浓度升高，从而形成增强室内化学反应的条件；但同时，通风量的增加将使 O_3 在室内的停留时间缩短，减少 O_3 与室内反应物的接触时间，反应的时间可能性降低，从而形成削弱室内化学反应的条件；对于通风量降低的情况，可类推。由此表明，通风调控室内化学反应作用引起的二次污染受到以上这对矛盾的制约，即调控所需通风量存在理论上的合理值；当超过合理值时，增大通风量反而加剧二次污染。因此，寻求高效的通风需要区别对待物理作用形成的直接散发污染与化学作用形成的二次污染。

3. 基于高效通风的通风气流组织

通风调控人体微环境的模式包括恒定通风和需求控制通风（Demand Control Ventilation，DCV）。对于恒定通风而言，一方面不能满足室内变需求（污染源条件和送风品质改变）的情况，即空气品质无法始终得到保障；另一方面其节能潜力也极为有限。而DCV在这两方面具有优势。但对于DCV而言，随着不同室内空间人员占有空气体积和气流组织模式的不同，污染物控制指标浓度对人员量变化的指示效果具有明显差别，这种差别将对DCV通风参数形成制约，而获得这一制约机制以及相应的污染物控制指标浓度响应特性是DCV研究领域有待解决的重要命题；同时，在DCV的实际应用中发现，很多场合即便在污染物控制指标浓度达到设定要求的前提下，人员对室内空气环境的不满意率依然很高，而出现这一结果的重要原因是忽略了人员实际所获得的有效新风量，而建立DCV通风参数与人员有效新风量之间的变化关系是科学评估DCV环境控制效果的重要前提。此外，当在DCV（非定常）条件下时，人体微环境的流场分布、质量迁移和物质转化将表现出新的特点，特别是人员量和DCV通风参数的时间性决定了室内化学反应程度的非稳定性，这些特点和特征将会反过来影响通风调控的能力。

4. 基于复合式空气净化技术的空气品质保障提升

鉴于当前室内空气表现出低浓度污染的特点，依靠单一空气净化技术难以有效保障室内空气品质，因此需要将若干种空气净化方法进行有效组合，优劣互补，发挥其复合、协同的效应，这也是今后空气净化技术最具前景的研究方向。例如，结合混合媒体的加湿与电离的室内空气净化技术能够将吸附、加湿与电离相结合，其中混合媒体作为吸附材料去除气体污染物，加湿技术在为室内空气加湿的同时也净化室内空气，电离技术既可利用其自身放电产生的离子来净化室内空气，又可电离加湿后空气的水分子进一步净化室内空气。此外，空气净化方法与如门窗、玻璃幕墙、墙体等建筑围护结构相结合而研制出新型空气净化技术，设置成空气净化装置，对于控制空气洁净度具有较好的优势。

5. 建筑节能与通风净化系统服务质量双重提升需求

为了从根本上促进能源资源节约和合理利用，缓解我国能源资源供应与经济社会发展的矛盾，加快发展循环经济，实现经济社会的可持续发展，保障国家能源安全和保护环境，需要不断地提高建筑节能水平；但同时，随着人们对生活质量要求的提高，建筑服务水平不断提升也成为一种必要要求，而按照已有工程经验，建筑服务水平的提升往往伴随着建筑能耗的上升。因此，需要探索实现建筑节能与通风净化系统服务质量双重提升的合理方法，而从室内环境营造角度考虑这一问题，就需要摸清污染源散发规律，科学确定污染负荷，寻求高效通风调控和空气净化技术，实现低能耗、高保障性的室内空气环境营造效果。

1.2　探究式与启发式过程教学的探索

倡导探究式、启发式过程教学是实现学思结合的有效教学方式，其中的核心是互动教学，实现对学生主动性、积极性、创造性激发，其主要形式是探究和讨论，其主要表现是学生对教学活动的参与。同时，教师在教学过程中根据教学任务和学习的客观规律，从学生的实际出发，采用多种方式，以启发学生的思维为核心，调动学生的学习积极性和主动性，促使他们生动活泼地学习的一种教学指导思想。在实现这一教学目标过程中，除了教师教学方法的自我改进外，还需要科学、有效、有特色的教材来支撑。教材是体现教学内容和教学方法的知识载体，是教师授课和学生学习的重要参考资料，直接关系到教学质量和人才培养目标的实现，在教学过程中占据十分重要的地位。

室内通风与净化是建筑环境与能源应用工程专业本科教学的重要内容，而这一部分内容具有很强的时代性，即与新的科研研究成果和建筑行业发展密切相关。为了使学生对这部分内容能够系统性掌握并对新理论、新方法、新技术及时认识和理解，本书重点突出以下特色：（1）重视知识体系的逻辑性和完备性，使学生对知识的掌握具有整体性；（2）在基本理论和方法的基础上，引入成熟的新理论、新方法和新技术，满足学生在掌握基础知识的前提下能够认识科学前沿的需求；（3）各章节的结构除了包括主体内容外，新增结构包括知识要点、预备知识、兴趣实践、探索思考、课外自学、知识拓展、研究专题，紧扣探究式启发式教学目标，为教与学的互动提供了教材保障，这也符合新工科课程教学发展理念。

本章参考文献

[1] Ng M O, Qu M, Zheng P X, Li Z Y, Hang Y. CO_2-based demand controlled ventilation under new ASHRAE Standard 62.1-2010: a case study for a gymnasium of an elementary school at West Lafayette, Indiana [J]. Energy and Buildings, 2011, 43: 3216-3225.

[2] Laverge J, Bossche N V D, Heijmans N, Janssens A. Energy saving potential and repercussions on indoor air quality of demand controlled residential ventilation strategies [J]. Building and Environment, 2011, 46: 1497-1503.

[3] Shan K, Sun Y J, Wang S W, Yan C C. Development and In-situ validation of a multi-zone demand-controlled ventilation strategy using a limited number of sensors [J]. Building and Environment, 2012, 57: 28-37.

[4] 王汉青，周振宇. 采用化学方法的室内空气净化技术综述 [J]. 建筑热能通风空调，2017，36（5）：6-10.

[5] 杨瑞. 室内空气污染物净化方法综述 [J]. 室内空气污染物净化方法综述，2017，1：72-75.

[6] 王军，张旭. 建筑室内人员有效新风量及其特征性分析 [J]. 洁净与空调技术，2011，3：10-13.

第2章　室内空气污染的产生与特征

【知识要点】

1. 室外大气污染与室内污染的关系。
2. 室内污染的来源、种类。
3. 不同污染源释放污染物的规律。

【预备知识】

1. 大气颗粒物污染的规律。
2. 传质的方式。

【兴趣实践】

针对宿舍和教室在门窗紧闭和门窗打开两种状态，用甲醛测试仪器和二氧化碳测试仪器测试室内甲醛浓度和二氧化碳浓度昼夜变化特点。

【探索思考】

1. 如何减小室外大气污染对室内空气污染的影响？
2. 新装修房间污染产生的根源是什么？有哪些治理措施？
3. 测试典型类型的木地板在不同室内温度、湿度、换气次数影响下的 VOCs 散发规律。

2.1　室外大气污染及对室内空气质量的影响

2.1.1　室外 PM2.5 污染对室内空气质量的影响

随着人口的增加，能源消耗的增长，大气中细颗粒物（PM2.5）污染问题日益严峻。PM2.5 是指环境空气中空气动力学当量直径小于或等于 $2.5\mu m$ 的颗粒物。它能较长时间悬浮于空气中，其在空气中含量浓度越高，就代表空气污染越严重。虽然 PM2.5 只是地球大气成分中含量很少的组分，但它对空气质量和能见度等有重要的影响。与较粗的大气颗粒物相比，PM2.5 粒径小、面积大、活性强、易附带有毒有害物质（例如，重金属、微生物等），且在大气中的停留时间长、输送距离远，因而对人体健康和大气环境质量的影响更大。PM2.5 对人体有很大的破坏作用，被吸入人体后会直接进入支气管，干扰肺部的气体交换，引发哮喘、支气管炎、心血管病等疾病。国内外已有大量的人群流行病学研究显示，长期和短期暴露于 PM2.5 都可以使人群死亡率和发病率显著增加。2013 年 2 月，全国科学技术名词审定委员会将 PM2.5 的中文名称命名为细颗粒物。细颗粒物的化学成分主要包括有机碳、元素碳、硝酸盐、硫酸盐、铵盐、钠盐（Na^+）等。而将这种细颗粒物再细分下去，又分为燃煤、建筑尘、扬尘、生物质燃烧、有机物和二次硫酸盐和硝酸盐等。

室内 PM2.5 来源于内部产生和室外进入两个部分。室内 PM2.5 的产生源包括吸烟、生活燃料燃烧、烹饪、清扫活动等。对于室外来源问题，通过门窗、缝隙等的渗透作用，室外 PM2.5 颗粒也会进入室内。当然，这种影响取决于室外 PM2.5 的污染水平。根据全球室外 PM2.5 污染分布可以发现，我国大面积存在高 PM2.5 污染情况。特别是京津冀、长三角、珠三角、山东半岛、成渝等地区部分时段 PM2.5 浓度达到 $80\mu g/m^3$，超过撒哈拉沙漠，高于 WHO 的推荐年均值。

可以看到，室外严重的大气 PM2.5 污染状况具备了诱发室内 PM2.5 污染的可能性。实际上，室内外的 PM2.5 浓度具有很强的关联性，如图 2-1 所示。因此，在构建建筑室内污染控制系统（如新风系统或空气净化系统）过程中应当重视这一因素的潜在影响。

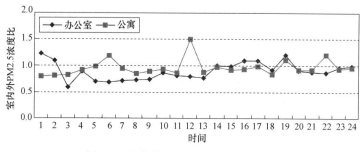

图 2-1 室内外 PM2.5 浓度对比结果

2.1.2 室外臭氧污染对室内空气质量的影响

臭氧（O_3）是一种具有强氧化性的物质，可以利用其杀菌效果来改善室内空气品质（Indoor Air Quality, IAQ），但当臭氧浓度超过一定限值后，其负面影响将不可忽视。这种影响集中表现在两个方面：第一，臭氧的强氧化性对人体健康有危害作用。臭氧被吸入体内后，能迅速转化为活性很强的自由基，即超氧基（O^{2-}），主要使不饱和脂肪酸氧化，从而造成细胞损伤。臭氧可使人的呼吸道上皮细胞脂质在氧化过程中发生四烯酸增多，进而引起上呼吸道的炎症病变。第二，臭氧利用其强氧化性可以诱发系列室内化学反应，反应产物通常具有更强的刺激性、危害性，即对室内空气品质产生更大的影响，所以可以将其看作二次污染物，如图 2-2 所示。

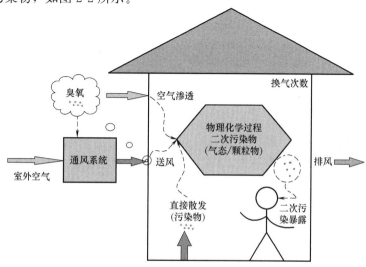

图 2-2 臭氧诱发室内二次污染

室内臭氧包括室外来源和室内来源，其中室外臭氧可以通过空气渗透、通风空调系统进入室内，特别是当前较为严峻的大气臭氧污染问题，如华中地区、成都平原等，显著提高了室内臭氧污染的风险。而室外臭氧对室内空气质量的影响来源于两个方面——臭氧的直接影响以及臭氧反应过后产生的反应化合物的二次污染。二次污染物可能比反应母体的刺激性更强，对人体和材料危害更严重。通过总结分析国外的相关研究成果可以发现，大部分臭氧参与的化学反应都会产生二次污染，二次污染物中都包含大量醛类化合物，而且颗粒物是二次产物的表现形式之一。

已有研究发现，通风是影响室内臭氧浓度的关键因素，可使得室内臭氧浓度的变化规律与室外臭氧浓度的变化规律无论是季节变化还是日变化，都有着近似相同的趋势。有研究表明，在没有室内发散源的情况下，中等通风条件下室内臭氧浓度是室外浓度的20%～30%，在通风较强的情况下为40%～70%。

2.2　室内建材污染源及散发特性

随着现代化和城镇化建设进程，我国已成为建筑装饰、装修材料（简称建材）和家具的生产、使用大国。2005 年和 2009 年我国装修装饰材料和家具产值均已达世界第一。与此同时，越来越多的证据表明，室内建材和家具散发的氡、氨，以及醛类、醇类、脂肪烃、芳香烃等挥发性有机物（Volatile Organic Compounds，VOCs）是典型的室内空气污染物，是哮喘、过敏等疾病以及病态建筑综合征的诱因之一。建材和家具之所以会散发VOCs，主要是由其生产原料和工艺过程决定的。例如，由甲醛和尿素制备的尿醛树脂是人造板主要的胶粘剂原料，2009 年我国人造板用胶量就超过 500 万 t。而涂料、油漆则含有大量的苯、甲苯等苯系物。在建材和家具的使用过程中，甲醛、苯系物等 VOCs 会释放到室内空气中，进而通过口、鼻、皮肤等器官进入人体，对人体健康产生不利影响。本节主要介绍建材挥发性有机物的散发特性。

2.2.1　建材、家具挥发性有机物的散发特性

一般可将室内装饰装修材料和家具分为干式材料和湿式材料两大类。室内常见的干式材料有刨花板、中密度板、石膏板、地毯、乙烯基地板等；常见的湿式材料有涂料、油漆、胶粘剂、密封剂、石蜡等。

干式材料和湿式材料的典型污染物散发过程如图 2-3 所示。

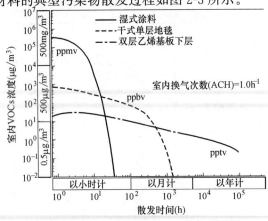

图 2-3　建材家具散发 VOCs 的典型过程

总的来说，不同建材的散发规律可总结如下：湿式涂料散发初始阶段的峰值高，室内污染物浓度可达 $10^2 \sim 10^3 \, \mathrm{mg/m^3}$（ppmv级）或更高。但湿式材料散发的持续时间短，一般以几天至几周计。单层干式建材可直接向室内散发 VOCs，持续时间可以达到几个月，当室内通风量较小时可以达到几年。散发初始阶段室内污染物浓度可达 $10^2 \sim 10^3 \, \mu\mathrm{g/m^3}$（ppbv级）或更高，散发周期内平均的单位面积散发率一般为 $10^{-4} \sim 10^2 \, \mu\mathrm{g/(m^2 \cdot h)}$。多层干式建材，当散发源被覆盖时 VOCs 散发的峰值会延迟，持续时间可以达到几年，散发后期室内污染物浓度一般在 pptv 级。

2.2.2 干式材料挥发性有机物散发特性的预测

欧美国家从 20 世纪七八十年代起就开展建材 VOCs 散发特性总结和预测的研究工作。通常的研究方法是将散发材料放置在温度和相对湿度基本恒定的环境舱中，并控制一定的通风量。如图 2-4 所示。

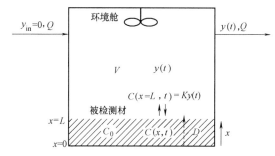

图 2-4 干式材料 VOCs 散发过程的检测与预测

假定环境舱内混合均匀以及通入环境舱空气中污染物浓度可忽略，检测环境舱排风口空气中 VOCs 的浓度，通过质量守恒法即可换算建材污染物的散发率，见式（2-1）。

$$V \frac{\mathrm{d}y(t)}{\mathrm{d}t} = A \cdot E(t) - Q[y(t) - y_{\mathrm{in}}(t)] \tag{2-1}$$

式中 V——环境舱的体积，$\mathrm{m^3}$；

$\quad\quad t$——散发时间，h；

$\quad\quad y(t)$——t 时刻气相 VOCs 浓度，$\mu\mathrm{g/m^3}$；

$\quad\quad y_{\mathrm{in}}(t)$——进入环境舱空气中的 VOCs 浓度，$\mu\mathrm{g/m^3}$，一般令 $y_{\mathrm{in}}(t)=0$；

$\quad\quad E(t)$——t 时刻建材 VOC 的单位面积散发率，$\mu\mathrm{g/(m^2 \cdot h)}$；

$\quad\quad Q$——环境舱的通风量，$\mathrm{m^3/h}$。

早期的散发特征研究通常将散发率总结成经验公式的形式。式（2-2）和式（2-3）给出了常见的两类经验模型——指数模型和幂函数模型，用于预测材料 VOCs 的散发过程。

$$E(t) = a \cdot t^{-b} \tag{2-2}$$

$$E(t) = E_0 \cdot e^{-k \cdot t} \tag{2-3}$$

式中 E_0——初始单位面积散发率（$\mu\mathrm{g/(m^2 \cdot h)}$）；

$\quad\quad a$、b、和 k——经验数据，一般均由散发实验数据拟合得到。

尽管经验模型的拟合和使用都比较简便，在实践过程中采用经验模型预测建材 VOCs 的散发特性主要存在两个方面的不足。第一，散发检测的时间通常并不很长，一般在几小时至 28 天，经验公式一般仅适用于散发时间段内散发水平的预测，对散发数据进行外延预测一般并不可靠；第二，更重要的是，经验模型通常仅适用于该被检测材料在该检测环境中的散发水平的预测，若更换散发材料或更换散发环境，预测结果通常不可靠。

1994 年，Little 模型的提出开辟了对建材散发过程建立传质模型的新途径。该模型假定散发过程为单层材料单边一维散发，忽略建材表面边界层空气与污染物的对流传质，同时引入了传质系数 D，分配系数 K 和初始可散发浓度 C_0 三个关键参数来描述散发过程，如图 2-4 所示。基于此，建材材料相、气相污染物控制方程和边界条件可表示为式（2-4）～式（2-7）。

$$\frac{\partial C(x,t)}{\partial t} = D \frac{\partial^2 C(x,t)}{\partial x^2} \tag{2-4}$$

$$\frac{\partial C(x,t)}{\partial x}\bigg|_{x=0} = 0 \tag{2-5}$$

$$K = \frac{C(x,t)|_{x=L}}{y(t)} \tag{2-6}$$

$$E = -D\frac{\partial C(x,t)}{\partial x}\bigg|_{x=L} \tag{2-7}$$

式中 $C(x,t)$——材料相 VOCs 在 x 高度和 t 时刻的浓度，$\mu g/m^3$；

        D——材料相 VOCs 传质系数，m^2/h；

        K——界面分配系数，无量纲；

        L——材料厚度，m；

        A——材料散发面积，m^2。

式（2-4）～式（2-7）和式（2-1）的解析解可表示为式（2-8）：

$$C(x,t) = 2C_0 \sum_{n=1}^{\infty} \left\{ \frac{\exp(-Dq_n^2 t)(h-kq_n^2)\cos(q_n x)}{[L(h-kq_n^2)^2 + q_n^2(L+k)+h]\cos(q_n L)} \right\} \tag{2-8}$$

其中，

$$h = \frac{Q}{A \cdot D \cdot K} \tag{2-9}$$

$$k = \frac{V}{A \cdot K} \tag{2-10}$$

同时，q_n（$n=1, 2, \cdots$）是超越方程（2-11）的正根。

$$q_n \tan(q_n L) = h - kq_n^2 \tag{2-11}$$

当关键参数 D、K 和 C_0 均可知时，即可通过式（2-7）和式（2-1）预测建材 VOCs 在任意时刻的散发率及空气中 VOCs 的浓度。

尽管 Little 模型给出了干式建材 VOCs 散发的解析解，还有四个问题值得探讨。

第一，获取三个关键参数 D、K 和 C_0 并不十分便捷。严格意义上，三个参数需要通过独立的实验来获取，才可以比较准确地预测 VOCs 的散发特性。近年来，不少学者也研究提出了可以同时测得三个关键参数的方法，如 C-History 法等，可以提高测量关键参数的效率。

第二，Little 模型忽略了材料表面对流传质的过程。实验表明，忽略对流传质在散发初期会高估材料的散发率。目前也已有学者提出了考虑对流传质过程的传质模型。

第三，Little 模型针对的是可以简化为一维散发的单层材料，当需要预测多层建材单发、材料双侧散发、多个建材共存等复杂散发场景的 VOCs 散发率时，Little 模型不再适用，需要采用相应的模型来计算。其他模型不再赘述，读者可参看相关文献。

第四，需要注意的是，建材在实际环境中的散发规律受温度、湿度、通风量、室内化学反应等诸多因素影响，在预测散发率时需要考虑上述因素。

2.2.3 湿式材料挥发性有机物散发特性的预测

湿式材料通常作用在干式材料上，如墙上刷涂料、家具刷油漆、玻璃上喷涂密封剂等。所以，在实际环境中大量的湿式材料的散发是湿式材料和干式材料组合材料散发的过程。此时，VOCs 的散发过程通常可分为两个阶段。第一阶段主要表现为湿式材料中液体部分蒸发干燥的过程，材料相内部 VOCs 的传质过程可被忽略。这个阶段通常散发率高，散发衰减快，见图（2-1）。第二阶段是湿式材料干燥或基本干燥后。干燥后的湿式材料通常覆盖在干式材料表面，成为干式材料 VOCs 散发的阻力，而干式材料中 VOCs 的散发过程同时也受干式材料相传质阻力的影响。

基于这两个物理过程截然不同的散发阶段，湿式材料 VOCs 散发特性的预测分别进行建模。对于干燥阶段散发率的预测，通常可采用 VB（蒸气压与边界层）模型进行预测，见图 2-5。

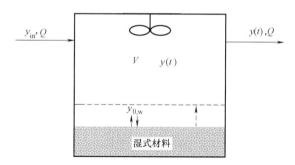

图 2-5 湿式材料 VOCs 散发过程的检测与预测

基于对流传质，干燥过程中的单位面积散发率可用式（2-12）表示。

$$E(t) = h_m(y_{0,w} - y(t)) \tag{2-12}$$

式中 h_m——对流传质系数，m/h；

$y_{0,w}$——空气中 VOCs 分压力达到饱和蒸气压时对应的气相浓度，$\mu g/m^3$。

联立式（2-1）和式（2-12）即可求解干燥过程中 VOCs 的散发率。

第二阶段的散发过程接近干式材料的散发过程，通常可采用干式材料的计算模型或者包含湿式材料两阶段散发特性的计算模型来预测。本节不再赘述。

2.2.4 我国建筑室内挥发性有机物污染的调查

以居住建筑为例，总结我国建筑室内 VOCs 污染现状。附录 1 对全国 22 个城市 2000 多户新装修和既有居住建筑中室内甲醛浓度的监测结果进行了汇总。选取的数据均监测于近十年（2006～2016 年），监测时距离装修时间为 1～60 个月。

由调查结果可知，大部分距装修时间 6 个月内的室内甲醛浓度均超过了国家标准《室内空气质量标准》GB/T 18883-2002 中对室内门窗关闭 12h 后的 $100\mu g/m^3$ 的限值，其中绝大部分监测的最高浓度都在 $200\sim400\mu g/m^3$，除了一项在书房的监测结果达到了 $33mg/m^3$。由于一些标准（如 GB/T 18883-2002 等）要求关闭门窗 12h 后再进行测量，以便污染物散发累积，测得的结果可能高于实际通风环境中甲醛的浓度。也有研究结果显示，大量居民夏季夜晚会选择开窗睡觉。在上述情况下，卧室的浓度同样可能达到表中监测的结果。此外，当距装修时间超过 6 个月之后，大部分室内甲醛浓度均下降至 $100\mu g/m^3$ 左右或以下，且可能会持续散发若干年。

此外，对全国 9 个城市近 1000 户居住建筑中室内苯系物浓度的监测结果也进行了汇总（见附录 2）。结果表明，室内空气中苯系物的浓度范围较甲醛浓度范围为大。室内苯系物浓度最大值超过了 $1\sim100mg/m^3$，而《室内空气质量标准》GB/T 18883-2002 中对室内苯、甲苯和二甲苯的浓度限值分别为 $110\mu g/m^3$、$200\mu g/m^3$ 和 $200\mu g/m^3$。与此同时，绝大多数监测浓度最小值较低，其范围通常在 $100\sim101\mu g/m^3$。导致上述最大最小值特征的原因之一可能是由于湿式建材是苯系物的主要散发源，而湿式建材具有快速散发（干燥阶段）和快速衰减（干燥完毕）的特性。

附录 1 和附录 2 中列举的 23 个城市分布在不同地区，在经济、文化、资源上也存在差异，但总体而言，室内甲醛、苯系物等 VOCs 的长期散发规律大体差异不大。

2.2.5　建材挥发性有机物散发的检测与标识体系

欧美国家在研究建材 VOCs 散发特性的同时，政府、材料生产企业和第三方检测机构也逐步建立了一套规范建材生产制造，强化源头控制的标识体系。从 1978 年德国蓝天使标识（Blue Angle）起，丹麦、芬兰、法国、美国、日本、韩国等国家先后建立起相应的标识体系。标识体系的中心思想是采用符合要求的检测设备，通过设计普适化的检测流程，检测和计算建材如在第 3 天、第 7 天、第 14 天、第 28 天等统一时间点的散发率来判断建材是否符合材料散发要求和室内空气品质要求。

建材标识体系可以促进建材行业的规范化，从源头降低室内建材污染源的散发量。我国建材标识体系虽然起步比较晚，目前在国家层面和部分地区也已通过散发标准的制订来试点建材标识体系和市场准入制度的实施。

2.3　室内人员污染源及污染物产生规律

室内人员之所以是污染源，原因在于人体代谢活动会产生散发物，引起空气的品质下降，其散发特性取决于人的代谢机理。其中，二氧化碳（CO_2）是人体新陈代谢的基本产物。Flygge 与 Hill 研究发现，如果没有人体其他散发物（body bioeffluent），单纯的 CO_2 即便在高浓度条件下对舒适的影响也很小。因此，CO_2 浓度指标的重要作用在于对人体其他散发物的指示性。人体代谢过程中 CO_2 散发量取决于人的体型特征（身高、体重）、代谢强度和呼吸商（RQ）；其中，代谢强度已在 ISO 7730 和 ASHRAE Standard 55-2004 中做出规定，而人体表面积直接反映体型特征，1916 年 DuBois 提出其计算模型，Boyd、Gehan、Haycock 等研究人员和美国环保局（EPA）对该模型中的计算系数进行了完善；同时，Stevenson、赵松山和胡咏梅等学者针对我国人员的体型特征已分别提出了相应的人体表面积计算模型。根据《2007 中国卫生统计年鉴》，目前我国成年男子平均身高为

165.98cm，平均体重为 61.67kg；成年女子平均身高为 154.41cm，平均体重为 53.60kg；针对我国当代人员各个年龄阶段的体型特征数据，由不同模型得到的人体表面积计算结果如图 2-6 和图 2-7 所示。

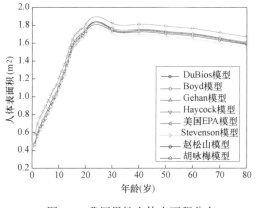

图 2-6 我国男性人体表面积分布

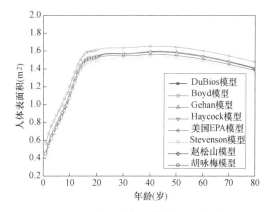

图 2-7 我国女性人体表面积分布

根据《2007 中国卫生统计年鉴》中我国男性和女性在各个年龄阶段的身高和体重数据并结合呼吸商（RQ=0.83），可以得到我国女性和男性在不同活动强度下的 CO_2 产生量，如图 2-8 和图 2-9 所示。对于确定的年龄，CO_2 散发量将随活动强度的增大而上升，且成年人的上升率要高于未成年人的对应结果；其次，对于某一活动强度，CO_2 散发量将随年龄的增长先迅速增加再逐渐趋于稳定；此外，对于具体的年龄和活动强度水平，男性的 CO_2 散发量均高于女性的对应结果。

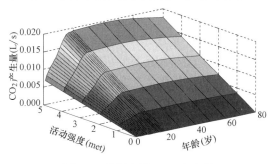

图 2-8 我国女性 CO_2 产生量

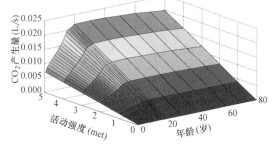

图 2-9 我国男性 CO_2 产生量

另一方面，人体其他散发物的构成与散发量和人的健康状态与卫生习惯密切相关，并且会形成气味，对人体产生嗅觉反应和物质刺激。Phillips 和 Herrera 研究了该类物质在健康人体中的产生过程，包括肺部吸入量、内生率、代谢排出率等部分。其次，通过GC/MS 分析发现，对应于不同的人员密度，人体代谢散发引起人员呼吸区出现 13 种共同的空气化学组分，主要包括酸类、烷类和醇类物质，且存在多种极性组分。同时，石碳酸（C_6H_6O）和十二烷（$C_{12}H_{26}$）始终是两种主要组分。

再次，人体还是空气微生物的重要来源。正常人在静止条件下每分钟可向空气排放500～1500 个微生物；人在活动时每分钟向空气中排放数千至数万个微生物；人体外层皮肤每平方毫米可有 1×10^6 个微生物；每毫升唾液中含有 1×10^9 个微生物；每毫升鼻涕中含

有 $1×10^6$ 个微生物；打喷嚏产生的气溶胶中（如果没有手绢一类的遮拦），含有 $1×10^6$ 个微生物；人体分泌物中每克可含有 $1×10^2$ 个微生物。这大约是分泌物干重的 50%。

此外，人体新陈代谢过程还会产生大量颗粒物。人体在 24 小时之内掉落的皮肤碎屑有十亿个之多，即使是静止站立，一个人每分钟之内也会掉落大约十万个微粒。如果以每小时 3km 的速度行走，则每分钟之内掉落的微粒将达到 500 万个。

2.4　室内其他污染源及污染物释放

2.4.1　室内日用品污染物释放

广义上讲，家庭生活日用品，包括药品、化妆品、衣物、杀虫剂、洗涤剂、炊事用具等，这些日常生活中接触的用品就是室内污染的一大来源。家庭生活日用品产生的污染包括化学性污染、生物性污染和物理性污染，其特点是微量的、慢性的、综合性的影响。

（1）洗涤剂：洗涤剂包括洗衣粉、洗发露、洗涤剂等清洁剂，其产生的污染多为化学污染。洗发露、沐浴露等主要成分为非环保型的阴离子表面活性剂、两性表面活性剂、增稠剂、工业香精等化学成分，洁厕剂、消毒水等含有表面活性剂、消毒剂，洗衣粉含三聚磷酸钠（无磷洗衣粉含 4A 沸石）、硝酸钠十二烷基苯酸钠等，牙膏、沐浴露等用十二烷基苯磺酸作为泡沫剂的主要原料。洗涤剂中的这些化学成分，进入血液循环，会破坏红细胞的细胞膜，引起溶血现象，某些化学物质会损害人体的淋巴系统，引起人体抵抗力下降，导致患淋巴癌的风险增大；防腐剂等化学成分也是血液污染的来源；清洁用品中的酸性有机物从皮肤组织中吸出水分，使蛋白凝固，而碱性有机物不仅吸出水分，还能使组织蛋白变性并破坏细胞膜；洗涤剂中的阳离子、阴离子表面活性剂，能去除皮肤表面的油性保护层，进而腐蚀皮肤。根据国家标准《手洗餐具用洗涤剂》规定：总活性物含量 ≥15%，不得检出荧光增白剂，甲醇含量 ≤1mg/g，甲醛含量 ≤0.1mg/g，砷含量 ≤0.05mg/kg，重金属含量 ≤1mg/kg，菌落总数 ≤100 个/g，大肠菌群 ≤3 个/100g。

（2）化妆品：化妆品已成为人们日常生活中的必需品，其在生产、储藏、使用过程中容易受到污染，进而对人体产生危害。化妆品产生的污染多为微生物污染。洁肤、护肤类化妆品水分含量较高，易于细菌生长繁殖；洁肤、护肤类化妆品配料中添加了各种营养成分，如蛋白质、氨基酸、微量元素、中草药和各种维生素等，为细菌的生长繁殖创造了条件；洁肤、护肤类化妆品大多数为中性、弱碱性或弱酸性，为微生物生长提供了良好的环境。另外，化妆品也是室内的产尘源之一，使用化妆品的发尘量如表 2-1 所示。

使用化妆品的发尘量　　　　　　　　　　　　　　　　　　　表 2-1

化妆品	每次使用产生的粒子数量（粒径 $≥0.5\mu m$）
口红	$1.1×10^9$
胭脂粉	$6×10^8$
粉底	$2.7×10^8$
眉笔	$8.2×10^7$
睫毛膏	$3×10^9$
一次使用所有上述化妆品	$5.1×10^9$

据我国一些城市调查，有的工厂生产的化妆品卫生质量低劣，对人体健康有危害，有城市对 100 多种化妆品进行检测，汞的检出率达 50% 左右。其中一个工厂生产的香粉每千克含汞量达 100 微克左右。铅、砷的检出率也较高，有些样品还检出沙门氏菌、绿脓杆菌和金黄色葡萄球菌等致病菌。一些城市开展的化妆品所致不良反应案例调查工作证明，使用染发剂、膏霜和祛斑类化妆品引起的皮炎占比例最大。某市调查的 50 名病例中，属于过敏性皮炎或接触性皮炎的占 50%。有的使用含铅量高的香粉，引起慢性铅中毒；有的使用含汞量高的祛斑霜，引起慢性汞中毒，出现神经衰弱等症状；有的人用含粗制矿物油冷霜，脸上出现油性痤疮。人们常用的染发剂中含有的苯二胺，是一种致敏物质，使用这类染发剂引起头部、面部过敏的实例有很多。有的人使用这类染发剂染发后，首先在头部、面部过敏，继而发展到全身；病情严重时头部水肿，身上出现点、片状血疹，需要住院治疗。使用含有香料的花露水、香肥、洗发液，过敏体质的人也容易生产过敏反应，房间内空气中香水浓度过高时也能使人过敏。有人调查，有 4% 的人对含有香料的香皂产生过敏反应，皮肤发痒，甚至红肿。雪花膏类化妆品中常常检出亚硝胺，有的调查检出率为 50%，其中最高含量高达 120ppm。学者认为，这是由于大量使用三乙醇胺做乳化剂的结果。亚硝胺可引起癌症，这是公认的。

我国化妆品中的化学成分规定：汞含量不得大于 1×10^{-6}，铅含量不得大于 40×10^{-6}，砷含量不得大于 10×10^{-6}，甲醇含量不得大于 0.2%。所有化妆品不得检出大肠杆菌、绿脓杆菌和金黄色葡萄球菌，用于眼部、口唇、口腔黏膜以及儿童的化妆品中的杂菌数不得大于 500 个/g 或者 500 个/ml，其他化妆品的杂菌数不得大于 1000 个/g 或者 1000 个/ml。

（3）炊饮餐具：铝制和塑料炊具餐具的使用越来越广泛。长期使用铝制餐具炊具，铝的摄入量过大时可引起衰老症。塑料食具中含有铅、锡等有害物质，遇到适宜条件如高温可溶出。其中聚酰胺塑料溶出量和速度高于聚苯乙烯和聚乙烯塑料。紫铜火锅表面生成的硫酸铜、醋酸铜可使人中毒，轻者恶心、呕吐，重者脱水。锡壶含铅量 70% 左右，用这种锡壶热酒 15min，酒中含铅量高达 15mg/100g，容易导致慢性中毒。

生活中日用品污染源还包括：毛巾，有试验表明，一条超期使用的旧毛巾含有的细菌数量可以百万计，除了沙眼衣原体外，还可能含有金黄葡萄球菌、绿脓杆菌，引起沙眼、皮肤感染的问题；衣物，衣物污染主要来自染料、增白剂以及化纤织物中残留的增塑剂、树脂整理剂，国外病例调查证明，因衣物引起的过敏性、接触性皮炎人数比例大于其他日用品，占 25% 左右；玩具、运动器具、文具、装饰品等也对居住环境有污染，玩具材料含有氯乙烯、苯、甲醛等有害物质，可使儿童引起皮炎等疾患。儿童戴镀镍的项链、表带可引起过敏性皮炎。调查资料表明，小儿皮肤病患中，有 0.3% 与玩具、装饰品和衣物有关。

2.4.2 室内电气设备污染物释放

室内主要的电器设备主要指电脑、手机等电子产品以及空调等电器设备，其中计算机、手机等电子产品主要产生辐射污染，空调等则主要产生空气污染。

（1）计算机及手机：包括计算机在内的视频终端显示器和家用电视机都会产生电磁辐射，特别是计算机的工作频率范围在 150～500kHz，这一段包括中波、短波、超短波与微波等频段的宽带辐射，按标准评价，电脑的上部与两侧等部位均超标，一般超标几倍到几十倍，最高达 45 倍。依国际 MPRⅡ防辐射安全规定：在 50cm 距离内必须小于或等于 25V/m 的辐射暴露量。而计算机的辐射量：键盘 1000V/m、鼠标 450V/m、屏幕 218V/m、主机 170V/m、笔记本电脑 2500V/m，这些数据都远远大于安全量。大量的研究发现，电脑主要对眼睛、头部、骨骼肌、皮肤等第三器官和部位产生危害作用，并且对妊娠也产生有害影响。此外，电脑等产生的电磁辐射可使室内产生臭氧等污染物，臭氧是一种强氧化剂，可以引起眼、鼻、喉的刺激症状，胸部不适，咳嗽及头痛。同时，计算机辐射污染会影响人体的免疫功能，严重的还会诱发癌症，并会加速人体的癌细胞增殖。

手机是通过向空间发射电波实现通信等功能的。长期使用超过国标限值的手机，敏感人群可引起紧张、头疼、失眠等问题，另外可能会引起面部红斑、刺痒等症状。

（2）空调：空调以及其他通风换气设备，会将室外的污染气体引入室内，主要包括 CO、SO_2 以及氮氧化合物。一氧化碳会引起组织缺氧，损害大脑和心肌，从而使人产生中毒症状；SO_2 对人体的结膜和上呼吸道黏膜具有强烈的刺激作用，长期接触 SO_2 可导致免疫功能减弱，呼吸道抵抗力下降；氮氧化合物对呼吸道有强烈的刺激作用，长期接触会导致气管和肺部病变。此外，空调的外罩、过滤网表面容易沉积灰尘和污垢，若不及时清理，会将粉尘等污染物带入室内，造成严重的室内空气污染。散热片作为空调的核心部件，往往是容易被忽视的一个重要的室内污染源，散热片上可检测出拉秧芽孢杆菌、金黄色葡萄球菌、霉菌、军团菌等多种病菌，家用空调散热片上细菌总量最高可达每平方厘米 16 万个。

（3）电冰箱：电冰箱辐射是高辐射源，如果将电冰箱和电视共用一个插座，电冰箱的电磁波会导致电视图像不稳定，这就说明冰箱工作时是个高磁场。电磁波的穿透力极强，可以透过体表深入深层组织和器官。据专家介绍，电冰箱运作时，后侧方或下方的散热管线释放的磁场最大。此外，电冰箱的散热管灰尘太多也会对电磁辐射有影响，灰尘越多电冰箱辐射就越大。如果是在冰箱正在运作、发出嗡嗡声时，冰箱后侧或下方的散热管线释放的磁场更是高出前方几十甚至几百倍（冰箱前后范围测得 1～9mG，后方正中央可高达 300mG）。

（4）电磁炉：对于微波炉来说，通常机体外面都有完整的金属外壳以及微薄防护板加之微波炉的拉门有防护锁，因此向外泄漏的微波比较有限，对人的危害较小。相比之下，电磁炉的电磁辐射较为严重。普通的电磁炉在工作时线圈盘产生的电磁辐射除了给炉面上的锅体加热外，还有一部分电磁辐射会从电磁炉体内和锅体向往泄放，从而产生外泄电磁辐射，这部分电磁辐射就是危害人体健康的电磁辐射源，外泄辐射源的强度大小与电磁炉功率和电磁炉的质量有关。电磁炉的功率很大，即使其电磁泄漏的比率很小，但是这个泄漏的功率值仍然很大，对人体有明显的伤害。如果使用者身上带有金属物品，如金属框眼镜、项链、金属腰带等，这些金属物品如同接收天线的引向器，使得人体受到的辐射更大。早在两年前，国家日用电器质量监督检验中心就曾对电磁炉产品做过一次行业摸底测试，结果发现达标的仅 50% 左右，不达标产品的最大问题就是极易发生磁泄漏，从而产生电磁辐射污染。

2.5　室内空气二次污染与化学反应

2.5.1　室内潜在的化学反应

室外反应性化学组分［包括臭氧（O_3）、氮氧化物（NO_x）、过乙酰硝酸酯（PAN）、过丙酰硝酸脂（PPN）等］随新风进入室内，诱发室内空气化学反应，产生二次污染物（包括醛、羧基酸、过氧化物、氢过氧化物和反应中间物等）。例如，室外空气中的臭氧（O_3）通过空调通风系统进入建筑室内并与莰烯、蒈烯、萜烯和柠檬烯等发生气相及表面化学反应，所产生的反应产物将诱发室内二次污染问题，如图 2-10 所示。同时，这些反应产物（即二次污染物）往往具有更大的刺激性，易危害室内人员的健康或引起不舒适反应。

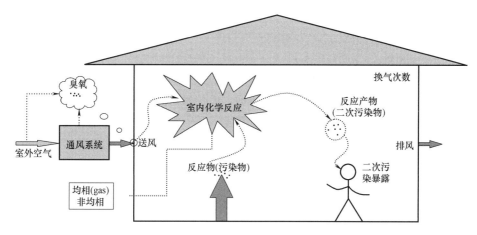

图 2-10　室内空气化学反应过程

随新风进入室内的反应性化学组分所引起的潜在空气化学反应主要包括以下四个方面：

（1）臭氧与不饱和烃的反应——具有强氧化性的 O_3 极易氧化室内大量存在的不饱和烃，特别是 O_3 与双键不饱和烃之间存在多级反应，所产生的自由基会引发新的反应。室内臭氧与不饱和烃的反应过程为：

$$O_3+R_1R_2C{=}CR_3R_4 \rightarrow ozonide$$

$$ozonide \rightarrow R_1C(O)R_2+[R_3R_4C \cdot OO \cdot]^* \tag{2-13}$$

$$ozonide \rightarrow [R_1R_2C \cdot OO \cdot]^*+R_3C(O)R_4$$

（2）氮氧化物与臭氧的反应——室内 NO_x 极易与 O_3 发生反应，其中 NO 被 O_3 氧化成 NO_2，而 NO_2 与 O_3 反应形成硝酸自由基。室内氮氧化物与臭氧的反应过程为：

$$O_3+NO \rightarrow NO_2+O_2$$

$$O_3+NO_2 \rightarrow NO_3 \cdot +O_2 \tag{2-14}$$

（3）过酰基硝酸脂的热分解——PAN 和 PPN 的热稳定性很差，在室内被分解为过酰基和 NO_2。室内过酰基硝酸脂的热分解过程为：

$$CH_3C(O)OONO_2 \leftrightarrow CH_3C(O)OO \cdot +NO_2 \tag{2-15}$$

（4）自由基的反应——前述三种反应产生的二价自由基、硝酸自由基、过氧化乙酰基等不稳定，能够诱发室内多种反应。室内自由基的反应过程为：

$$
\left.
\begin{array}{l}
OH \cdot + RH \rightarrow R \cdot + H_2O \\
OH \cdot + R_1R_2C{=}CR_3R_4 \rightarrow R_1R_2C(OH)CR_3R_4 \\
NO_3 \cdot + RH \rightarrow HNO_3 + R \\
NO_3 \cdot + R_1R_2C{=}CR_3R_4 \rightarrow R_1R_2C(NO_3)CR_3R_4 \\
NO_3 \cdot + NO_2 \leftrightarrow N_2O_5 \\
NO_3 \cdot + h\nu \rightarrow NO_2 + O(^3P) \\
CH_3C(O)O_2 \cdot + HO_2 \cdot \rightarrow CH_3C(O)OOH + O_2 \\
CH_3C(O)O_2 \cdot + HO_2 \cdot \rightarrow CH_3C(O)OH + O_3
\end{array}
\right\}
\qquad (2\text{-}16)
$$

2.5.2　物质转化机理及其数学描述

送入室内新风作用下的物质转化过程即为室内化学反应过程，在新风效应作用下室内潜在的化学反应包括基元反应和非基元反应两类，其中基元反应以单分子和双分子反应为主，而三分子反应较少（三个质点同时碰撞的概率低）；室内潜在化学反应的反应机理如图 2-11 和图 2-12 所示（图中，R 为反应物，P 为生成物，OA 为新风入口，E 为排风口）。

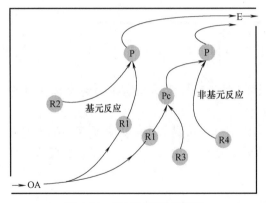

图 2-11　基元与非基元反应

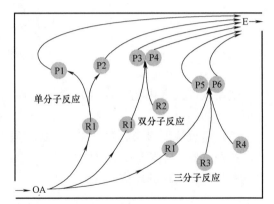

图 2-12　反应分子数

另一方面，从化学反应动力学的角度看，室内潜在化学反应覆盖光化学反应和热化学反应。前者是激发态分子的反应，即通过吸收光子能量获得反应所需的活化能，反应速率受温度影响较小，包括初级过程和次级过程两个方面；同时，其选择性比（针对光子波长而言）热化学反应强，且存在使系统自由能增加的可能。后者是基态分子的反应，即依靠反应物分子的热碰撞获得反应所需的活化能，反应速率受温度影响较大，并且使系统的自由能降低。此外，由于固体表面需依靠降低界面张力来降低表面能，且表面存在不均匀性（原子水平角度）以及表面化学组成不同于体相内部（表面偏析），这使得室内固体表面（地面、屋顶和壁面等）对气体分子存在吸附行为，在吸附力（如化学键力）作用下发生非均相反应（此处仅指表面反应），从而影响室内污染物浓度水平。

根据以上对室内新风作用影响下的物质转化机制分析，可以看到室内潜在化学反应可以通过基元反应和非基元反应来刻画，而非基元反应又由若干基元反应构成，因此完成对物质转化过程的数学描述需要确定基元反应。对于基元反应中的单分子反应，根据 Guldberg 和 Waage 提出的质量作用定律可以得到：

$$R_A \rightarrow P$$

$$\left. \frac{d[P]}{dt} = -\frac{d[R_A]}{dt} = k_1[R_A] \right\} \tag{2-17}$$

对于基元反应中的双分子反应，同样可以得到：

$$R_A + R_A \rightarrow P$$

$$\left. \frac{d[P]}{dt} = -\frac{d[R_A]}{dt} = k_2[R_A]^2 \right\} \tag{2-18}$$

$$R_A + R_B \rightarrow P$$

$$\left. \frac{d[P]}{dt} = -\frac{d[R_A]}{dt} = -\frac{d[R_B]}{dt} = k_2[R_A][R_B] \right\} \tag{2-19}$$

而对于基元反应中的三分子反应有：

$$R_A + R_A + R_A \rightarrow P$$

$$\left. \frac{d[P]}{dt} = -\frac{d[R_A]}{dt} = k_3[R_A]^3 \right\} \tag{2-20}$$

$$R_A + R_A + R_B \rightarrow P$$

$$\left. \frac{d[P]}{dt} = -\frac{d[R_A]}{dt} = -\frac{d[R_B]}{dt} = k_3[R_A]^2[R_B] \right\} \tag{2-21}$$

$$R_A + R_B + R_C \rightarrow P$$

$$\left. \frac{d[P]}{dt} = -\frac{d[R_A]}{dt} = -\frac{d[R_B]}{dt} = -\frac{d[R_C]}{dt} = k_3[R_A][R_B][R_C] \right\} \tag{2-22}$$

式中　k_1、k_2、k_3——反应速率常数，只与反应的本质和温度有关，三者的量纲分别为：（时间）$^{-1}$、（浓度）$^{-1}$·（时间）$^{-1}$、（浓度）$^{-2}$·（时间）$^{-1}$。

此外，根据 Arrhenius 公式，反应速率常数可表示为：

$$k = A\exp[-E_a/(RT)] \tag{2-23}$$

式中　A——指前因子，取决于反应，单位与 k 相同；

　　　E_a——反应活化能，J/mol；

　　　R——气体常数，8.314J/(mol·K)；

　　　T——热力学温度，K。

此外，对于室内新风效应发生过程中的非均相（表面）反应，可以由下式确定：

$$-\frac{d[R_A]}{dt} = v_d\left(\frac{A}{V}\right)[R_A] \tag{2-24}$$

式中　v_d——沉积速度，m/s，与分子扩散系数、房间特征尺寸、室内相对湿度和空气流动特点有关。

针对上述式（2-17）～式（2-23）所确定的基元反应和式（2-24）所确定的非均相（表面）反应，理论上可以用单区或多区质量平衡模型实现室内物质转化作用与新风效应发生过程的耦合，但由于物质转化作用的强度水平与反应物的场分布、室内停留时间（气流流动特点决定）等因素密切相关，因此集总参数思想无法实现对物质转化作用的完整描述。鉴于此，本书采用 CFD 模型实现这一耦合，即：

$$S_\phi = \sum k_{ij}[R_\phi][R_i][R_j]$$
$$S_P = \sum k_{ij}[R_\phi][R_i][R_j] - \sum k_m[P][R_m]$$

(2-25)

$$J_{dR} = -\gamma\frac{<v>}{4}[R_\phi](\Delta y)$$

$$J_{dP} = -\gamma\frac{<v>}{4}[P](\Delta y)$$

$$<v> = 4v_d u^* / [\gamma(u^* - \Omega v_d)]$$

$$u^* = \sqrt{\tau_w/\rho_a}$$

$$\Omega = \int_0^\delta \nu/[a\nu(y^+)^b + D]dy^+$$

(2-26)

式中　　　S_ϕ 和 S_P——分别为反应物和生成物的质量输运源项；

J_d——非均相（表面）反应的质量通量；

γ——表面反应可能性系数；

$<v>$——Boltzmann 速度；

$[R_\phi](\Delta y)$ 和 $[P](\Delta y)$——分别为 2/3 的平均分子自由程处的反应物浓度和生成物浓度；

u^*——摩擦速度；

τ_w——表面剪切应力；

ρ_a——空气密度；

ν——空气的运动黏性系数；

D——反应物或生成物的分子扩散系数；

δ——运动边界层厚度；

a、b——根据运动边界层厚度范围选取对应的常数。

【课外自学】

自学建筑材料污染散发相关标准。

【知识拓展】

1. 室外臭氧污染与 PM2.5 污染特点有哪些差异？

2. 为什么不同年龄、不同性别的人，其新陈代谢过程的二氧化碳产生量会不同？

3. 从减小室内空气污染角度考虑，对选用的建筑材料应做哪些要求？

【研究专题】

考察当地代表性住宅建筑、办公建筑、商场建筑，分别测试其室内 PM2.5 浓度、VOCs 浓度、CO_2 浓度在一天不同时段的变化特点，分析其与室内人员量、通风状态之间的相关性，评价环境质量是否良好，撰写一份建筑环境测试评价报告。

本章参考文献

[1] A. Challoner, L. Gill. Indoor/outdoor air pollution relationships in ten commercial buildings：PM2.5 and NO_2 [J]. Building and Environment，2014，80：159-173.

[2] Li Zhao, Chao Chen, Ping Wang, et al. Influence of atmospheric fine particulate matter (PM2.5) pollution on indoor environment during winter in Beijing [J]. Building and Environment，2015，87：283-291.

［3］ W. A. Jedrychowski，F. P. Perera，A. Pac，et al. Variability of total exposure to PM2. 5 related to in-door and outdoor pollution sources：Krakow study in pregnant women ［J］. Science of The Total Environment，2006，366：47-54.

［4］ J. M. Camacho，S. Hsu，K. H. Jung，K. M. Moors，et al. Persistent indoor air pollution levels in the homes of New York city children over 4 to 5 years ［J］. Journal of Allergy and Clinical Immunology，2011，127：AB94.

［5］ A. J. Buczyńska，A. Krata，R. V. Griek，et al. Composition of PM2. 5 and PM1 on high and low pollu-tion event days and its relation to indoor air quality in a home for the elderly ［J］. Science of The To-tal Environment，2014，490：134-143.

［6］ Waring MS，Wells JR. Volatile organic compound conversion by ozone，hydroxyl radicals，and nitrate radicals in residential indoor air：Magnitudes and impacts of oxidant sources ［J］. Atmospheric Envi-ronment，2015，106：382-391.

［7］ Carslaw N. A mechanistic study of limonene oxidation products and pathways following cleaning activi-ities ［J］. Atmospheric Environment，2013，80：507-513.

［8］ Weisel C，Weschler CJ，Mohan K，Vallarino J，Spengler JD. Ozone and 0zone byproducts in the cab-ins of commercial aircraft ［J］. Environmental Science and Technology，2013，47：4711-4717.

［9］ Stephens B，Gall ET，Siegel JA. Measuring the penetration of ambient ozone into residential buildings ［J］. Environmental Science & Technology，2012，46（2）：929-936.

［10］ Liu Z.，Ye W. and Little JC. Predicting emissions of volatile and semivolatile organic compounds from building materials：A review ［J］. Building and Environment，2013，64（0）：7-25.

［11］ 张寅平. 中国室内环境与健康研究进展报告 ［M］. 北京：中国建筑工业出版社，2012.

［12］ Ye W.，Zhang X.，Gao J.，et al. Indoor air pollutants，ventilation rate determinants and potential control strategies in Chinese dwellings：A literature review ［J］. Science of The Total Environment，2017，586：696-729.

［13］ Persily A. K，Evaluating building IAQ and ventilation with indoor carbon dioxide. ASHRAE Trans-actions 1997，103（2）：1-12

［14］ ISO. ISO7730 Moderate thermal environments- determination of the PMV and PPD indices and spec-ification of the conditions for thermal comfort ［S］. International Standards Organisation，Geneva，1995a.

［15］ ASHRAE Standard 55. Thermal environmental conditions for human occupancy ［S］. Atlanta：ASHRAE，2004.

［16］ DuBois E. F，The measurement of the body surface area in man ［J］. Arch Intern Med，1916，15：868.

［17］ Stevenson P. H，Calculation of the body surface area of Chinese ［J］. Chinese Journal of Physiolo-gy，1928，2（1）：13～14.

［18］ 赵松山，刘友梅，姚家邦. 中国成年男子体表面积的测量 ［J］. 营养学报，1984，6：87-95.

［19］ 赵松山，刘友梅，姚家邦. 中国成年女子体表面积的测量 ［J］. 营养学报，1987，9：200-207.

［20］ 胡咏梅，武晓洛，胡志红. 关于中国人体表面积公式的研究 ［J］. 生理学报，1999，51（1）：45-48.

［21］ Wysocki C. J，Human body odors and their perception ［J］. Jpn J Taste Smell Res，2000，7：19-42.

［22］ Phillips M.，Herrera J，Variation in volatile organic compounds in the breath of normal humans ［J］. Journal of Chromatography B，1999，29：75-88.

［23］　王军．高密人群建筑空间新风量指标的基础研究［D］．上海：同济大学，2012.

［24］　王海桥．空气洁净技术（第二版）［M］．北京：机械工业出版社，2017.

［25］　邰启生．家庭生活用品产生的污染及其危害［J］．环境保护，2010，(1)：27-28.

［26］　肖靖，季凯，魏娜．居室内的主要污染来源危害及其治理［J］．教育现代化，2010，13（3）：307-308.

［27］　包文君．1978 份化妆品微生物污染状况［J］．中国卫生检验杂志，2008，18（1）：120-121.

［28］　王海桥，李锐．空气洁净技术［M］．北京：机械工业出版社，2007：25.

［29］　肖新华．室内环境下电磁污染防护技术的应用［J］．现代科技，2009，8（9）：58-59.

［30］　贾昊，王冉．家用电器对室内空气品质的影响［J］．科技资讯，2013，(5)：152.

［31］　Charles J. W., Helen C. S, Production of the hydroxyl radical in indoor air［J］. Environmental Science and Technology，1996，30：3250-3258.

［32］　Charles J. W., Helen C, Potential reactions among indoor pollutants［J］. Atmospheric Environment，1997，31（21）：3487-3495.

［33］　文远高，连之伟．室内空气中潜在的化学反应与空气品质［J］．暖通空调，2004，34（6）：35-38.

［34］　Robert D. L, The Henderson approximation and the mass action Law of Guldberg and Waage［J］. The Chemical Educator，2002，7（3）：1430-4171.

［35］　Finn J，Activation energies and the arrhenius equation［J］. Quality and Reliability Engineering International，1984，1（1）：13-17.

［36］　Sorensen D. S., Charles J. W. Modeling gas phase reactions in indoor environments using computational fluid dynamics［J］. Atmospheric Environment，2002，36：9-18.

［37］　Morrison G. C., Nazaroff W. W. The rate of ozone uptake on carpet：mathematical modeling［J］. Atmospheric Environment，2002，36：1749-1756.

［38］　Jun Wang，Xu Zhang. Characteristics of human bioeffluents 'common core' quantity following with occupant density in indoor respiratory region［J］. HVAC&R Research，2014，20（2）：188-193.

第 3 章　通风控制室内空气污染的原理与方法

【知识要点】

1. 新风量的确定方法。

2. 自然通风的驱动力及特点。

3. 混合通风、置换通风和地板送风的工作原理及特点。

4. 新型通风技术的原理。

【预备知识】

1. 查阅文献，了解新风量大小对人的健康、舒适、效率有哪些影响。

2. 查阅文献，了解新风量、气流组织对空气品质保障的重要性。

【兴趣实践】

调查所在学校有集中空调建筑的送、回风气流组织形式；调研夏季供冷时，室内人员的舒适度和对空气品质的感受。

【探索思考】

1. 面对当前室外雾霾、室内多种化学污染的复合污染情况，如何进行合理的室内通风？

2. 如何兼顾污染物、热、湿多参数的影响，实现具有良好空气品质的节能通风？

3. 针对具体的建筑空间，如何合理选择通风方式？需要考虑哪些影响因素？

3.1　新风量确定方法与指标

3.1.1　新风量问题的产生

新风量问题（包含于通风问题）产生的具体历史时期虽然不能完全确定，但在古罗马时代人们已经认识到新鲜空气对人体呼吸过程的重要性。而由新风来满足对清洁空气的需求可以追溯到古埃及，当时存在室内工人呼吸性疾病的发生率远远高于室外的问题。到了中世纪，人们开始意识到室内空气可以传播疾病，新风量问题愈发得到关注。而从 16 世纪到 19 世纪，流行病学研究发现人员健康与工作环境空气污染状况之间存在密切关系；特别是，极端室内空气环境问题、室内人员密集场所空气环境问题和疾病传播问题等的出现使人们逐渐认识到采用新风控制室内空气污染的重要性。同时，在第一次工业革命的推动下，空气的组成、人体呼吸代谢过程的机理、氧气在人体呼吸代谢过程中的作用等系列重要问题的突破为正确认识新风与室内空气品质之间的关系奠定了科学基础。自 19 世纪末到 20 世纪上半叶，以人员污染源为研究对象，关于新风量问题的具有针对性的研究工作逐步得到发展。然而，到了 20 世纪下半叶，新型建筑材料、装饰材料、家具用品等在室内的大量使用，使建筑污染问题不可忽视，并且诱发了室内多组分低浓度空气污染问题，从而使得室内新风量确定变得更加复杂。20 世纪 70 年代石油危机出现后，建筑节能又对新风量产生限制性，如何在新风量确定过程中协调 IAQ 要求与建筑节能要求成为必须考虑的问题。特别是，对于室内人员密集的建筑（统称为高密人群建筑），由于其新风能耗一般占到空调能耗的 20%～30%，使得该类建筑的新风量确定变得尤为重要和关键。自 20 世纪 90 年代，病态建筑综合征（SBS）、建筑相关病症（BRI）和物质敏感症（MCS）等问题逐渐受到人们的关注和重视，由于这些症状的发生率与新风量、新风品质具有密切关系。因此，保障室内人员的安全、健康是选择新风量的重要前提。到了 21 世纪，以 Fanger 为代表的研究人员更加强调室内空气品质的可感受性（PAQ）以及 IAQ 对人员工作效率的影响；相应地，追求优异的室内空气环境是新风量确定面临的新兴主题。实际上，在对新风量问题的认识过程中，研究人员关注的一个首要问题是什么因素导致了"bad air"？是室内 O_2 太少了还是 CO_2 太多了？1775 年，法国化学家 Lavoisier 把原因归结为 CO_2，并且给出研究结论，认为是过量的 CO_2 而不是 O_2 的减少导致"bad air"。而就是这一重要认识开启了两个多世纪以来关于"为了保证人的健康舒适每人所需的最小新风量"的讨论。

3.1.2　新风量指标确定的基础问题

效应作用过程和 IAQ 控制目标的选择。污染源既是 IAQ 问题产生的根源又是确定新风量指标的前提；新风效应作用过程涵盖了新风作用于室内环境所引起的污染物迁移与转化（二次污染物的形成）、人员所获得的有效新风量，即通风效率问题；而 IAQ 控制目标受到建筑功能、人员适应性、健康、舒适、工作效率、建筑节能要求等因素的限制。

首先需要回答的一个问题是引起 IAQ 问题的污染源是什么，有何特性？1892 年，Pettenkofer 认为室内空气污染引发的人员不舒适反应可以归结为人体呼吸和皮肤代谢所产生的有机物质。在人体呼吸代谢过程中 O_2 的消耗与 CO_2 的产生均取决于人员的体型特征（身高、体重）和活动强度；当二者之间的量化关系建立以后，CO_2 浓度开始作为衡量 IAQ 好坏的重要指标。实际上，CO_2 自身并不是一种污染物，但可以作为人员所产生的体臭散发物（低浓度有机气体混合物）的指示物，并且 Pettenkofer 建议将 CO_2 浓度 1000×10^{-6}（ppm）作为充足新风量的判断标准。然而，由于人体气味在室内化学作用下具有不稳定性，CO_2 浓度指标的指示性需要得到修正；同时，由于室外大气质量的区域性差别，仅关注室内 CO_2 浓度绝对水平尚不够充分。需要特别指出的是，在 1880 年到 1930 年期间，环境毒理学曾尝试对室内空气中的有机物质进行研究，但获得的有效证据很少。另一方面，在过去的几十年里，建材和饰材的大量使用使得室内挥发性有机物（VOCs）不断引起人们的重视。目前，已有 900 多种 VOCs 在室内被发现，所发现的 VOCs 种类主要包括烷类、醇类、醛类、酮类、卤烃类、酯类、芳香烃类、酸类、萜烯类和酰胺类。对于室内建材、饰材散发 VOCs 的过程，国内外很多学者通过气候小室实验（主要包括 IRC/美国、NRMRL/美国、CSIRO/澳大利亚）、现场实测等手段对其散发机理、理论模型（包括概念模型、动力学模型等）进行了大量研究，并建立了相应的 VOCs 数据库，如加拿大针对 37 种典型民用住宅所使用的建筑装饰材料进行 VOCs 散发量测试所建立的 VOCs 数据库以及美国 EPA 所建立的污染源分类数据库，其中包含材料的 VOCs 散发量及其毒性。这些研究结果从源的角度为新风量的确定提供了计算条件。尽管在实际室内环境条件下建材、饰材的 VOCs 散发特性会发生变化，但引起变化的原因在于散发模型计算边界条件的改变。因此，通过现场实测确定实际边界条件再结合现有理论散发模型可以完成对 VOCs 散发量的修正。值得指出的是，正如 Pettenkofer 所认为的那样，消除空气污染源是解决 IAQ 问题最有效的措施。

其次，需要回答的问题是新风的作用是什么，如何作用于室内空气环境？实际上，新风的作用涵盖 5 个方面，即提供人体代谢活动所需的新鲜空气（包括 O_2 等）、稀释转移室内污染物使其浓度水平达到空气质量标准、调节室内温湿度水平营造舒适热环境、形成室内风环境提高舒适度、改变室内化学反应过程的速率和强度。这 5 个方面表明新风作用于室内空气环境具有引起质量传递（第一效应）和质量转化（第二效应）的双重效应。如何描述这样的双重效应？完整的新风效应描述涉及入室新风气流的流动特性、新风到达室内任意点的有效量、新风气流稀释运移污染物的能力和污染源强度与分布的影响特性。目前，国内外学者已提出 14 个指标从不同方面对新风效应进行了描述，包括污染物浓度、空气龄、换气效率、通风效率、相对通风效率、净化效率、净化流量、送排风贡献率、污染物驻留时间、污染物扩散指数、污染物累积指数、送风可及性、污染源可及性、新风效应因子等，这些指标基本实现对新风效应作用过程的完整刻画。

最后，需要回答的问题是 IAQ 控制目标是什么？如何选择？保障室内人员健康是 IAQ 控制的最基本目标也是最低目标，并且通常用病态建筑综合征（SBS）等的发生率来量化；而提高人员对 IAQ 的可接受性（即 PAQ）则是更多地从舒适角度寻求 IAQ 控制目标，一般以人员可接受性（PA）或不满意率（PD）来衡量；关注人的工作效率与创造力（即 HP）是近年来 IAQ 控制目标追逐的焦点，特别是以学校建筑、办公室等为代表的建筑类型越来越重视 HP 的提高，而人员相对表现力（RHP）通常可作为其量化方法。IAQ 控制目标的转变体现了人们对 IAQ 问题本身的认识程度。例如，人员密集场所中 CO_2 浓度（人体气味水平）的升高所引起的不舒适问题使诸多研究开始从室内空气可接受性的角度来探讨室内新风量需求问题。

为了选择适宜的 IAQ 控制目标，需要选择正确的控制指标并建立其与 IAQ 控制目标的关系。通过实验或实测寻求污染物浓度（如 CO_2、TVOC、CH_2O 等）指标与 SBS%、PA、PD、RHP 的关系是最通常的做法。在污染源种类单一的条件下，这一方法较为有效，然而对于现阶段由多种污染源引起的室内多组分低浓度污染问题，在很多场合发现污染物浓度与 SBS%、PA、PD、RHP 并不具有良好相关性，即污染物浓度即便在满足空气质量标准的前提下，IAQ 依然不能达到控制目标。实际上，正如 Fanger 所认为的那样，在室内多组分低浓度污染条件下，引起人员每一种反应都是多种因素的综合结果。因此，借助一种或几种污染物浓度指标已无法完全有效地反映当前室内空气的品质好坏。为此，通过实验建立新风量指标与 SBS%、PA、PD、RHP 之间的关系成为最直接也是最有效的做法。例如，如 Sundell 等学者试图寻找病态建筑综合征、化学过敏症及哮喘的发病原因，并建立了病态建筑综合征发病率与人员新风量指标之间的关系；Yaglou 通过实验手段研究了室内人体气味强度和人员新风量指标之间的关系，影响因素涉及人员占有体积、空气处理过程、个人卫生、室内空气质量、室内二氧化碳浓度水平等；Fanger、Berg、Cain 等学者给出了新风量指标与人员不满意率之间的关系以及可感受的空气品质与人员不满意率之间的关系；并且，Fanger 研究发现，对于已被污染的建筑空间，人员进出室内时的初始感觉最受关注，而对于人员长时间停留的建筑空间，室内人员经过初始阶段的适应以后，能够适应较高污染水平的环境，相应地所需新风量指标也较低。值得指出的是，尽管到目前为止关于 IAQ 与新风量关系问题的研究已获得广泛的认识，然而 Pattenkofer 和 Yaglou 的研究结果对这一领域相关问题的深入认识已奠定了重要的基础。而且，在过去的 100 年里，通风空调标准也主要是以 Pattenkofer 和 Yaglou 的传统理论为基础，即人是民用建筑的主要污染物，并且这一思想在世界各国标准中都得到体现。

3.1.3　新风量指标的确定方法

严格讲，如何确定室内所需要的新风量取决于污染物在感觉和刺激方面对人的影响方式，目前已提出以下 4 种可能：叠加（1＋2＝3）、独立（1＋2＝2）、协同（1＋2＝4）和对抗（1＋2＝1）。根据室内空气污染病理学研究发现，"叠加"可以认为是一种较普遍的形式。在 ASHRAE Standard 62.1-2010 中以叠加作为"规定设计法"的基础，该方法由早期的"通风量法"改进得到，其出发点是污染源。早期国内外的很多标准把人作为建筑空调房间内的唯一污染源，并由此规定新风需求仅随人员数量的变化而变化。而现有标准大多数将建筑污染也考虑在内，并且假定相同类型建筑物内的污染源种类及其强度基本相同。根据污染物在嗅觉反应（气味）和物质感觉（刺激）方面存在显效应这一前提，空调通风房间呼吸区所需最小新风量应为人员部分所需最小新风量与建筑部分所需最小新风量之和，即 $V_{bz}=R_pP_z+R_aA_z$；其中，R_p 为人员新风量指标，R_a 为单位建筑面积新风量指标，P_z 为室内人员量，A_z 为地板面积。由于 R_p 和 R_a 均为经验值，而不同国家的各类建筑室内污染源条件、污染暴露条件下人员的适应特征（影响 IAQ 控制目标）等存在差异，因此这些经验指标还无法在我国直接推广与应用。此外，该方法并不直接反映污染源、IAQ 控制目标等因素的影响，因此在确定新风量的精确性上还存在局限。

另一方面，"性能设计法"作为 ASHRAE Standard 62.1-2010 又一重要新风量确定方法，是由早期的"室内空气品质法"发展得来，并立足于维持一定的室内空气品质。"性能设计法"针对特定空间内影响健康和舒适的每种污染物，根据它预计存在的源强以及从健康和舒适方面考虑各自所允许的最大浓度，运用质量守恒方程计算新风量，取最大值作为该空间的最小新风量。可以看到，"性能设计法"从理论上提供了新风量及新风量指标的严格定量的确定方法，在理论上更精确，也优于"规定设计法"。然而，这一方法的应用取决于对室内污染源散发特性、新风作用于室内空气环境过程、IAQ 控制目标问题的准确掌握。

此外，在确定室内所需新风量的过程中，部分国外标准还做出某些特殊考虑。例如，CIBSE 1993 根据室内人员密度不同和吸烟程度不同，分别按照室内人员密度稀、密、挤和吸烟程度无、少许、重三种方式给出所需新风量；而日本标准在室内人数确定时，新风量按照人均新风量计算，当室内人数在各个时间段内不确定时，按照单位地板面积新风量指标计算所需新风量。

3.1.4　新风量指标的演化

在过去 300 年里，人们已经明确什么地方通入新风是必要的，但"每人真正需要多少新风量"备受争议。在对"每人所需最小新风量"的讨论过程中，涉及两类观点：一是消除异味和污染物保证人的健康舒适，二是尽可能减少疾病传播。而不同的观点带来了截然不同的结果。1836 年，Tredgold 给出了历史上第一个新风量指标，即每人所需最小新风量是 7.2 m^3/h，这一指标仅考虑了满足人的新陈代谢需要，而未考虑舒适要求。1895 年，Billings 认为在通常情况下人员新风量指标取 51m^3/h 可以满足舒适要求，并且认为室内新风量需求取决于建筑空间尺寸、室内外温度、室内人员量、人员的健康与卫生状况、人员在室内的停留时间等因素。然而，在克里米亚战争和美国内战期间，医学人员通过观察疾病在士兵之间的传播发现每人 $50m^3/h$ 的新风量才能满足减少疾病传播的要求，并且这一值被 ASHRAE 于 1914 年引入标准。而石油危机以后，为了降低新风量指标，这一标准被修改。特别是，丹麦和美国研究人员独立研究发现 $27m^3/h$ 可以作为可接受的每人所需最小新风量，并且这一值最终被 ASHRAE Standard 62-1989 和世界其他许多国家所采纳。新风量指标完整的演化历程如图 3-1 所示。由图 3-1 可以看到，在过去的 200 年里新风量指标经历了 10 余次调整；那么，每一次调整所得到的新风量指标的理论依据是什么？

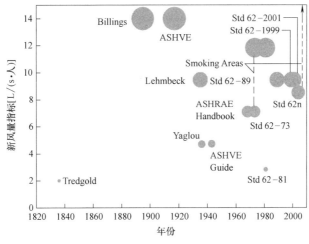

图 3-1　新风量指标的演化

3.1.5　新风量标准的数据来源

新风量标准的数据来源既体现了基础研究的支撑作用又体现了标准的制定原则。以 ASHRAE Standard 62.1 标准为例说明。ASHRAE Standard 62.1 标准的数据主要来源于 3 个方面：环境气候室实验和现场实测研究结果（Research）、实际工程中获得的经验值（Experience）、专家的判断（Judgement）。作为标准数据重要来源之一的实验研究发现，每人 $27m^3/h$ 可满足 80％未适应者的要求，每人 $9m^3/h$ 可满足大部分已适应者的要求；同时，对于建筑污染，为了满足 80％未适应者的要求，办公室和教室的新风量指标应为 $7.2m^3/(h\cdot m^2)$，幼儿园的新风量指标应为 $9.72m^3/(h\cdot m^2)$，礼堂的新风量指标应为 $11.88m^3/(h\cdot m^2)$。此外，到目前为止，全世界都将办公建筑作为新风量问题的最主要研究对象，大量的实验研究成果发现每人 $36m^3/h$ 可大大降低 SBS 发生率，并且该指标已考虑建筑污染和人员污染的联合影响以及通风效率。另一方面，大量的实际工程经验发现，建筑的实测所需新风量在很多情况下会偏离已有的设计标准，这些实测结果为新风量新标准的制定提出限制，防止新风量指标过高或过低。再次，由于已有研究涵盖的建筑类型十分有限，主要集中在办公建筑；并且，实验研究和现场实测结果都存在一定的不精确性。因此，相当部分建筑类型的新风量指标都要依靠专家的判断来确定。

3.1.6　新风量标准及其差异

我国和国外新风量相关的标准和规范如表 3-1 所示。

国内外新风量相关标准和规范　　　　　　　　　　　表 3-1

国内新风量相关规范和标准	
编号	具体标准和规范
1	《室内空气质量标准》GB/T 18883-2002
2	《民用建筑工程室内环境污染控制规范(2013 版)》GB 50325-2010
3	《民用建筑供暖通风与空气调节设计规范》GB 50736-2012
4	《公共建筑节能设计标准》GB 50189-2015
5	《夏热冬冷地区居住建筑节能设计标准》JGJ 134-2010
6	《中小学校教室换气卫生要求》GB/T 17226-2017
7	《饭馆(餐厅)卫生标准》GB 16153-1996
8	《旅馆建筑设计规范》JGJ 62-2014
9	《办公建筑设计规范》CTJ 67-2006
10	《医院洁净手术部建筑技术规范》GB 50333-2013

国外新风量相关规范和标准		
1	美国	ASHRAE Standard 62 系列标准
2	德国	《通风与空调:技术上的卫生要求》DIN1946 PART Ⅱ
3	英国	《设计中的环境原则》CIBSE 1993
4	欧盟	《建筑通风——室内环境的设计准则》CEN CR1752 1998
5	北欧	《北欧导则》NKB-61
6	日本	1986 空气调节手册
		建筑和建筑设备的节能-设计、管理技术的基础和应用
		《医院设计和管理指南》HEAS-02-2004

通过对比现有新风量标准及其体系,可以发现各标准之间主要存在以下 6 点差异:(1) 人员污染与建筑污染新风需求之间的关系:ASHRAE Standard 62-1989R、prENV 1752 和 NKB-61 将人员污染与建筑污染新风需求相加,DIN 1946 取二者的最大值,CIBSE Guide A 和 ASHRAE Standard 62-1989 只有人员部分。ASHRAE Standard 62-1989R 等标准之所以把两部分加在一起得出设计新风量,是因为考虑到不同化学组成的污染物可以在嗅觉反应(气味)和物质感觉(刺激性)上发生叠加效应(称作"显效性"(agonism))。而 DIN 1946 等标准取两者中的较大值,出发点在于一定量新风在稀释了某种污染物的同时也稀释了其他不同化学组成的污染物。(2) 未适应者与已适应者:ASHRAE Standard 62-1989、prENV 1752、DIN 1946、CIBSE Guide A 和 NKB-61 的最小新风量需求基于未适应者或称来访者(visitors),即刚刚进入室内空间的人;只有 ASHRAE Standard 62-1989R 的最小新风量需求基于已适应者或称室内人员,即已处于室内空间的人。由于人对体味有显著的适应性,故 ASHRAE Standard 62-1989R 中用来稀释人员污染所需的最小新风较小。但该标准也允许设计者针对未适应者进行设计,建议在适应人员新风量指标的基础上附加 5 L/(s·人)。与对体味的适应性相比,人对建筑物污染物的气味适应性很小,所以已适应者和未适应者所需的建筑污染部分新风量指标可认为大致相等。(3) 吸烟与不吸烟:由于越来越多的商业和公共建筑中严格限制和禁止吸烟,包括

ASHRAE Standard 62-1989R 在内的一些标准的新风量指标是在假定不吸烟的情况下得到的。若必须考虑吸烟，各标准处理方法不同。ASHRAE Standard 62-1989 除吸烟室外不区分吸烟与不吸烟，但其"允许中等程度的吸烟"易引起标准的滥用。DIN 1946 不论吸烟量多少，统一规定将人员新风量指标加上 5.6L/(s·人)。其他各标准则提供一定吸烟量下的所需的人员新风量指标取代不吸烟时的人员新风量指标或者提供人员部分所需的附加新风量，例如 ASHRAE Standard 62-1989R 附录中提供了确定要维持可接受的可感室内空气品质所需额外新风量的方法。(4) 低污染建筑与非低污染建筑：CEN 建议按 prE-NV 1752 将建筑物分为两大类：低污染建筑和非低污染建筑。满足"低污染"建筑的要求是：建筑物中使用 M2 类材料不得超过 20%，M3 类材料允许使用的比例很小。prENV 1752 根据不同分类建筑物给出不同新风量。其他标准未对建筑物分类，但考虑建筑部分的新风量标准时，其建筑物情形与 prENV 1752 中的低污染建筑可比。(5) 室内空气品质与满意率：各个标准对室内空气品质的定义或阐述不同。ASHRAE 标准中有两个室内空气品质的定义，可接受的室内空气品质（AIAQ）和可接受的可感室内空气品质（API-AQ），可接受的可感室内空气品质为满足标准定义的可接受室内空气品质的必要非充分条件。因为某些污染物如氡和一氧化碳并不产生气味和刺激，却危害健康。并且，香烟烟雾被美国环境保护署（EPA）列为致癌物质，这意味着由于香烟烟雾对健康的危害性，吸烟环境中不可能达到"可接受的室内空气品质"，却有可能达到"可接受的可感室内空气品质"。CIBSE 提案中关于可接受的室内空气品质定义与舒适有关，但未考虑对人体健康有潜在危险却无异味的物质，如氡等。CEN 标准将通风要求分为 A、B 和 C 三级。DIN 标准的分析方法中也将通风要求分为三个水平。此外，ASHRAE 62-1989R 附录中给出的分析方法（即性能设计法）也包含一个针对不同满意水平确定不同通风要求的方法。其他各标准中虽然也使用了类似术语，但无明确定义。(6) 是否需要关注二氧化碳。CO_2 先是作为体臭的指标，进而发展为整个室内空气品质的指标。对人员密集场所，因为 ASHRAE Standard 62.1-1989R 推荐的新风量相对于 ASHRAE Standard 62.1-1989 较小，会导致 CO_2 稳定浓度高达（$2000 \sim 2500$）$\times 10^{-6}$，而 ASHRAE Standard 62-1989 建议 CO_2 极限值为 1000×10^{-6}，这就引发了对 ASHRAE Standard 62-1989R 的争议。ASHRAE Standard 62-1989 在规定 1000×10^{-6} 为 CO_2 稳定浓度限值时，明确指出该浓度"并不是从危害健康的角度考虑，而是人体舒适感（臭气）的一种表征"。研究表明，假定新风的 CO_2 浓度为 300×10^{-6}，典型成年人静坐，7.5L/(s·人) 的新风量能使 80% 的来访者满意。但还没有任何受控研究表明，CO_2 浓度高于 2500×10^{-6} 会对人体健康造成任何影响。已有的 CO_2 浓度超过 1000×10^{-6} 会导致困倦的观测数据还没有在受控小室研究中得到证实。有鉴于此，ASHRAE Standard 62.1-1989 不再将 CO_2 作为所关注的污染物代表，也不再提及 1000×10^{-6} 这一指标。

3.2 自然通风原理与方法

通风方式按照空气动力的来源进行划分，可以分为自然通风及机械通风。顾名思义，自然通风有两种来源，一为室外的空气流动（风压作用），比如打开窗户吹进来的风；二为空气密度差引起的垂直运动（热压作用），比如炊烟的上升过程。机械通风的来源则比较简单，一般为风机所引起的。人们夏天扇扇子，原则上也是机械通风的一种。

机械通风与自然通风相比，两者互有优缺点。机械通风的优点是风量稳定，可以全天甚至全年保证送、排风量与设计相符。缺点是需要电能供给风机（费能）。对于自然通风而言，由于天气的变化，自然通风方式很难做到全天保证送风风量的稳定。一个最简单的例子是打开教室窗户，把手伸出去，可以很明显地感觉到风的大小是逐时变化的。自然通风的优点是基本不耗能。因此，在现今"节能减排""高效低碳""节能环保""被动式建筑""绿色建筑"等概念下，自然通风是一个重要的实现手段，也日益受到政府、房地产商、施工单位、设计单位、监理单位、高校科研院所等的广泛关注。

【案例】　怎么解释"坐北朝南、背山面水"。

为了说明这些概念，先说说我国所处的地理位置，我国位于亚洲东部，南临太平洋，北面是寒冷的西伯利亚。冬季时，西伯利亚的冷空气由北向南吹；夏季时南太平洋的冷湿空气由南向北吹；我国大部分地区位于北回归线以北，所以虽然全天太阳从东到西运动，但始终在南面。

"坐北朝南"（图 3-2）实际上就是北面有墙，建筑南面开门窗。冬季室外风由北向南吹，北墙用于阻挡西伯利亚寒流，起到保暖防寒的作用。夏季室外风由南向北吹，打开门窗可以迎接从太平洋吹来的夏季季风，起到降温防暑的作用。全年门窗朝南，采光效果好。所谓"负阴抱阳"也是同一个道理。

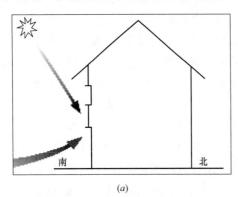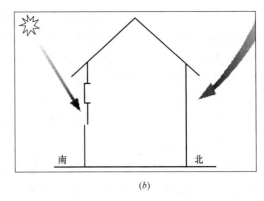

(a)　　　　　　　　　　　　　　　　　(b)

图 3-2　"坐北朝南"下的风向及太阳朝向

(a) 夏季；(b) 冬季

"背山面水"（图 3-3）是坐北朝南的"升级版"，背指的就是北，面是向南的意思。背山面水指的是北面有山，南面有水（湖泊、池塘、现代干脆是人造喷泉）。由于北面有山，冬季不用北墙就能阻挡寒流的冷风侵入。由于南面有水，夏季我国风向多由南向北吹，进一步降低了空气降温效果。

3.2.1　压力差与风速的关系

空气是流体的一种。自然界中的空气流动也就是风，它的起因就是压力差。我们可以做一个小实验，假设你面前有一个蜡烛，你要吹灭这个蜡烛，你的嘴就会锁紧，留出一个小孔，通过肺的收缩产生风。如果这个蜡烛的放置离你再远一些，你要"用力吹"才能吹灭这一蜡烛。这时你会鼓起腮帮子，肺部收缩，吹灭这一蜡烛。吹完以后，会发现"腮帮

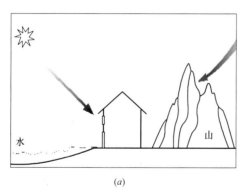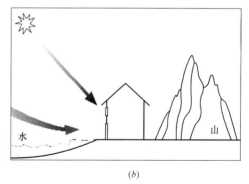

(a)   (b)

图 3-3　背山面水下的风向及太阳朝向
(a) 夏季；(b) 冬季

子疼"。为什么会疼，就是为了营造口腔内外的压力差，空腔内的压力过大，导致腮帮子胀痛。

我们可以借助流体力学的相关知识，推导一下这个过程。我们知道，根据实际不可压缩流体恒定流能量守恒原理，单位重量的总能量恒定，即由著名的伯努利方程可知：

$$Z_1+\frac{P_1}{\gamma}+\frac{v_1^2}{2g}=Z_2+\frac{P_2}{\gamma}+\frac{v_2^2}{2g}+H_i \tag{3-1}$$

式中　Z_1、Z_2——进、出风口相对于选定基准的高度；

　　　　P_1、P_2——进、出风口的压强；

　　　　v_1、v_2——进、出风口的空气流速；

　　　　h_i——进、出风口之间的阻力损失。

当研究对象变为空气时，气体不存在位置水头，所以，$Z_1=Z_2=0$，在忽略阻力损失 h_i 后，对整个方程组乘以 ρ_g 可得：

$$P_1+\rho_1\frac{v_1^2}{2}=P_2+\rho_2\frac{v_2^2}{2} \tag{3-2}$$

假设空气由 0m/s 加速至 v，则 $\Delta P=P_1-P_2=\rho_2\frac{v_2^2}{2}-\rho_1\frac{v_1^2}{2}=\rho_2\frac{v^2}{2}$

即

$$\Delta P=\zeta\frac{v^2}{2}\rho$$

式中　ΔP——窗孔两侧的压力差，Pa；

　　　　v——空气流过窗孔时的流速，m/s；

　　　　ρ——空气的密度，kg/m³；

　　　　ζ——窗孔的局部阻力系数。

上式可改写为：

$$v=\sqrt{\frac{2\Delta P}{\zeta\rho}}=\mu\sqrt{\frac{2\Delta P}{\rho}} \tag{3-3}$$

式中　μ——窗孔的流量系数，$\mu=\sqrt{\frac{1}{\zeta}}$，$\mu$ 值的大小与窗孔的具体构造（如单层、双层及开启角度等）有关，一般小于 1。

由连续性方程可知,通过窗孔的空气量为

$$L = vF = \mu F \sqrt{\frac{2\Delta P}{\rho}} \tag{3-4}$$

$$G = L \cdot \rho = \mu F \sqrt{2\Delta P\rho} \tag{3-5}$$

式中　F——窗孔的面积,m^2。

从上式可以看出,只要已知孔口两侧的压力差 ΔP 和孔口的面积,就可以求得通过该孔口的空气量 G。要实现自然通风,窗孔两侧必须存在压力差。通常,按 ΔP 的产生来源可将自然通风分为热压作用下的自然通风、风压作用下的自然通风以及风压与热压联合作用下的自然通风。下面分别分析各种形式自然通风产生的原因以及提高这种自然通风效果的方法。

3.2.2　热压作用下的自然通风

热压主要是因为室内外空气的温度差进而引起室内外空气的密度差,在重力的作用下形成压力差,当室内空气温度高于室外空气温度时,由于热空气重量轻,形成上升的热气流,于是室外的空气就从下边的窗孔补充到房间里来。

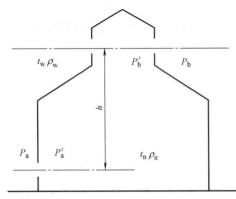

图 3-4　热压作用中的密度差及高度差

如图 3-4 所示,设房间外围护结构的不同高度上有两个窗孔 a 和 b,两者的高差为 h。假设窗孔外的静压分别为 P_a、P_b,窗孔内的静压分别为 P_a'、P_b',室内外空气的温度和密度分别 t_n、ρ_n 和 t_w、ρ_w。由于 $t_n > t_w$,所以 $\rho_n < \rho_w$。

如果首先关闭窗孔 b,仅开启窗孔 a,不管最初窗孔 a 两侧的压差如何,由于空气的流动,P_a 和 P_a' 会趋于平衡,窗孔 a 的内外压差 $\Delta P_a = (P_a' - P_a) = 0$,空气停止流动。

按照流体静力学原理,窗孔 b 的内外压差为:

$$\begin{aligned}
\Delta P_b &= (P_b' - P_b) = (P_a' - gh\rho_n) - (P_a - gh\rho_w)\\
&= (P_a' - P_a) + gh(\rho_w - \rho_n) = \Delta P_a + gh(\rho_w - \rho_n)
\end{aligned} \tag{3-6}$$

式中　ΔP_a、ΔP_b——窗孔 a 和 b 的内外压差,Pa;

　　　　g——重力加速度,m/s^2。

从式（3-6）可以看出,在 $\Delta P_a = 0$ 的情况下,只要 $\rho_w > \rho_n$(即 $t_n > t_w$),则 $\Delta P_b > 0$。因此,如果再开启窗孔 b,空气将从窗孔 b 流出。随着室内外空气的向外流动,室内静压逐渐降低。$(P_a' - P_a)$ 由等于零变为小于零。这时室内外空气就由窗孔 a 流入室内,一直到窗孔 a 的进风量等于窗孔 b 的排风量时,室内静压才保持稳定。由于窗孔 a 进风,则 $\Delta P_a < 0$;窗孔 b 排风,则 $\Delta P_b > 0$。

根据式（3-6）,有:

$$\Delta P_b + (-\Delta P_a) = \Delta P_b + |\Delta P_a| = gh(\rho_w - \rho_n) \tag{3-7}$$

由式（3-7）可以看出,进风窗孔和排风窗孔两侧压差的绝对值之和与两穿孔的高度差 h 和室内外的空气密度差 $\Delta\rho = (\rho_w - \rho_n)$ 有关,故将 $gh(\rho_w - \rho_n)$ 称为热压。如果至内外没有空气温度差，或者窗孔之间没有高度差，就不会产生热压作用下的自然通风。实际上，如果只有一个窗孔，也能形成自然通风，这时窗孔的上部排风，下部进风，相当于两个窗孔在一起，此时自然通风只在窗口附近有效果。

3.2.3 余压

实际工程中的厂房，不可能在建筑高度特别高的时候仅开上下两组开口。如果在该建筑上下开口位置大小均不变的前提下，在建筑中部再开一组风口，这组风口的进、排风量是怎样的？这里就需要知道余压及中和面的概念。

通常将室内某一点的压力和室外同标高未受扰动的空气压力的差值称为该点的余压。余压为正，该窗孔排风；余压为负，则该窗孔进风。

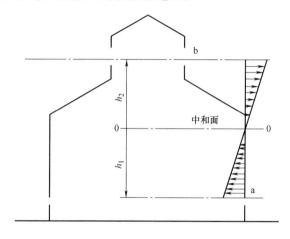

图 3-5　余压及中和面

根据图 3-5，某一窗孔的余压为：

$$P'_{x} = \Delta P_{x} = \Delta P_{a} + gh'(\rho_{w} - \rho_{n}) = \Delta P_{xa} + gh'(\rho_{w} - \rho_{n}) \qquad (3\text{-}8)$$

式中　ΔP_{x}——某窗孔的内外压差；

　　　ΔP_{a}——窗孔 a 的内外压差；

　　　h'——窗孔至窗孔 a 的高度差；

　　　P_{xa}——窗孔 a 的余压。

由上式可以看出，如果以窗孔 a 的中心平面作为一个基准面，任何窗孔的余压等于窗孔 a 的余压加上窗孔 a 的高差和室内外密度差的乘积。该窗孔与窗孔 a 的高差 h' 越大，则余压值越大。室内同一水平面上各点的静压都是相等的，因此某一窗孔的余压也就是该窗孔中心平面上室内各点的余压。在热压作用下的余压沿车间高度的变化如图 3-5 所示。

余压值从进风窗孔 a 的负值逐渐增大到排风窗孔 b 的正值。在 0-0 平面上余压等于零，把这个平面称为中和面，位于中和面上的窗孔上是没有空气流动的。

如果把中和面作为基准面，则窗孔 a 的余压为：

$$P_{xa} = P_{x0} - gh_{1}(\rho_{w} - \rho_{n}) = -h_{1}(\rho_{w} - \rho_{n})g \qquad (3\text{-}9)$$

窗孔 b 的余压为：

$$P_{xb} = P_{x0} + gh_{2}(\rho_{w} - \rho_{n}) = h_{2}(\rho_{w} - \rho_{n})g \qquad (3\text{-}10)$$

式中　P_{x0}——中和面上的余压，$P_{x0} = 0$；

h_1、h_2——窗孔 a、b 至中和面的距离。

可以看出，某一窗孔余压的绝对值与中和面至该窗孔的距离有关，中和面以上窗孔余压为正，排风；中和面以下，窗孔余压为负，进风。

3.2.4　风压作用下的自然通风

室外气流在遇到建筑物时会发生绕流流动，气流离开建筑物一段距离后，才恢复平行流流动（见图 3-6）。按照边界层流动的特性，建筑物附近的平均风速是随建筑物高度的增加而增加的。迎风面前方的风速和气流紊流度都会强烈影响气流绕流时的流动状况、建筑物表面及其周围的压力分布。

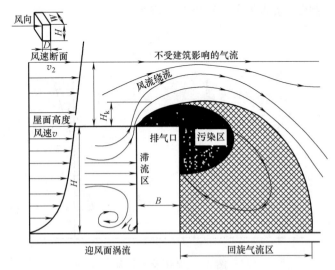

图 3-6　风压作用下的自然通风

由于气流的冲击作用，气流在建筑物的迎风面将形成一个滞留区，这里的静压高于大气压，处于正压状态。一般情况下，当风向与该平面的夹角大于 30°时，便会形成正压区。

室外气流绕流时，在建筑物的顶部和后侧将形成弯曲的循环气流。屋顶上部的涡流区称为回流空腔，建筑物背风面的涡流区称为回旋气流区。这两个区域的静压均低于大气压力，形成负压区，称为空气动力阴影。动力阴影区覆盖着建筑物下风向的表面（如屋顶、两侧外墙和被风面外墙），并延伸一定距离，直至气流尾流区。

空气动力阴影区的最大高度为：

$$H_c \approx 0.3\sqrt{A}　(m) \tag{3-11}$$

式中　A——建筑物迎风面的面积，m^2。

屋顶上方受建筑影响的气流最大高度为：

$$H_k \approx \sqrt{A}　(m) \tag{3-12}$$

建筑物周围气流运动状况，不但对自然通风计算、天窗形式的选择和配置有重要意义，而且对通风、空调系统进、排风的配置也有重大影响。例如，排风系统将气体排入空气动力阴影区内，有害物质会逐渐集聚，如果恰好有进风口布置在该区域，则有害物会随进风进入室内。因此，必须加高排气立管或烟囱，使有害气体（或烟气）排至空气动力阴影区以上，以避免空气动力阴影区对有害气体（或烟气）正常扩散的影响。

室外气流吹过建筑物时，建筑物的迎风面为正压区，顶部及背风面为负压区。与远处未受扰动的气流相比，在风力的作用下，建筑物表面所形成的空气静压变化称为风压。建筑物外围护结构上某一点的风压值可表示为：

$$P_f = K \frac{v_w^2}{2} \rho_w (\text{Pa}) \tag{3-13}$$

K 为正值，说明该点的风压为正值；K 为负值，说明该点的风压为负值。不同形状的建筑物在不同方向的风力作用下，空气动力系数分布是不同的。空气动力系数要在风洞内通过模型实验求得。

3.2.5 风压、热压同时作用下的自然通风

建筑物受到风压、热压同时作用时，外围护结构各窗孔的内外压差就等于风压、热压单独作用时窗孔内外压差之和。

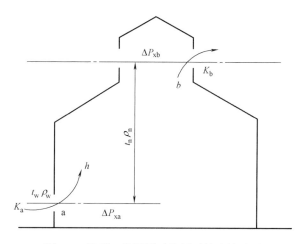

图 3-7 风压、热压同时作用下的自然通风

对于如图 3-7 所示的建筑，窗孔 a 的内外压差为：

$$\Delta P_a = \Delta P_{xa} - K_a \frac{v_w^2}{2} \rho_w (\text{Pa}) \tag{3-14}$$

窗孔 b 的内外压差为：

$$\Delta P_b = \Delta P_{xb} - K_b \frac{v_w^2}{2} \rho_w$$

$$= \Delta P_{xa} + h(\rho_w - \rho_n)g - K_b \frac{v_w^2}{2} \rho_w (\text{Pa}) \tag{3-15}$$

式中　ΔP_{xa}——窗孔 a 的余压，Pa；

　　　ΔP_{xb}——窗孔 b 的余压，Pa；

　　K_a、K_b——窗孔 a 和 b 的空气动力系数；

　　　h——窗孔 a 和 b 之间的高差，m。

由于室外风的风速和风向经常变化，风压是个不稳定的因素。为了保证自然通风的设计效果，在实际计算时，仅考虑热压的作用，一般不考虑风压的作用。但是需要定性地考

虑风压对自然通风总体效果的影响。

3.2.6　工业厂房自然通风的计算

自然通风的计算方法较多，通常都采用"热压法"。计算时一般只考虑夏季的情况。工业厂房自然通风计算包括两类问题：一类是设计计算，即根据已确定的工艺条件和要求的工作区温度计算必需的全面换气量，确定进、排风窗孔位置和窗孔面积；另一类是校核计算，即在工艺、土建、窗孔位置和面积确定的条件下，计算能达到的最大自然通风量，校核工作区温度是否满足卫生标准的要求。

还应该注意，室内的温度分布和气流分布对自然通风有较大影响。热车间内部的温度和气流分布是比较复杂的，例如热源上部的热射流和各种局部气流都会影响热车间的温度分布，其中热射流的影响最大。具体地说，影响热车间自然通风的主要因素有厂房形式、工艺设备布置、设备散热量等。要对这些因素进行详细的研究，必须进行模型试验，或在类似的厂房进行实地的测试。目前工程中采用的自然通风计算方法是在一系列的简化条件下进行的，这些简化的条件是：

（1）通风过程是稳定的，影响自然通风的因素不随时间而变化。

（2）整个车间的空气温度都等于车间的平均空气温度 t_{np}。

$$t_{np} = \frac{t_n + t_p}{2} \tag{3-16}$$

式中　　t_n——室内工作区温度，℃；

t_p——上部窗孔的排风温度，℃。

（3）同一水平面上各点的静压均保持相等，静压沿高度方向的变化符合流体静力学法则。

（4）车间内空气流动时，不受任何障碍的阻挡。

（5）不考虑局部气流的影响，热射流、通风气流到达排风窗孔前已经消散。

（6）用封闭模型得出的空气动力系数适用于有空气流动的孔口。

3.2.7　自然通风的设计计算步骤

本节以车间为例讲述自然通风设计步骤。

（1）计算车间的全面换气量。

排除车间余热量所需的全面换气量 G 可按式（3-17）计算。

$$G = \frac{Q}{c \cdot (t_p - t_j)} \ (kg/s) \tag{3-17}$$

式中　　Q——车间的总余热量，kJ/s；

t_p——车间上部排风温度，℃；

t_j——车间的进风温度，$t_j = t_w$，℃；

c——空气比热容，1.01kJ/(kg・℃)。

计算车间的平均温度，必须知道车间上部的排风温度 t_p。由于热车间的温度分布和气流分布比较复杂，不同的研究者对此有不同的看法。

按照不同通风房间的具体情况（建筑结构、设备布置和热湿散发特性），自然通风的排风温度有下述三种计算方法：

1）根据科研院所、高校、设计和使用单位多年的研究、实践，对于某些特定的车间，可按排风温度与夏季通风计算温差的允许值确定。对于大多数车间而言，要保证 $t_n - t_w \leqslant 5℃$，$t_p - t_w$ 应不超过 $10 \sim 12℃$。

2）当厂房高度不大于 15m，室内散热源分布比较均匀，而且散热量不大于 $116W/m^2$ 时，可用温度梯度法计算排风温度 t_p，即：

$$t_p = t_n + \alpha(h-2) \quad (℃) \tag{3-18}$$

式中 α——温度梯度，℃/m，见表 3-2；

t_n——工作区温度，即指工作地点所在的地面上 2m 以内的温度，℃，见表 3-3；

h——排风天窗中心距地面高度，m。

温度梯度值 α 值（℃/m）　　　　表 3-2

室内散热量（W/m²）	厂房高度（m）										
	5	6	7	8	9	10	11	12	13	14	15
12~23	1.0	0.9	0.8	0.7	0.6	0.4	0.4	0.4	0.4	0.4	0.2
24~47	1.2	1.2	0.9	0.8	0.7	0.6	0.5	0.5	0.5	0.4	0.4
48~70	1.5	1.5	1.2	1.1	0.9	0.8	0.8	0.8	0.8	0.8	0.5
71~93		1.5	1.5	1.3	1.2	1.2	1.2	1.2	1.1	1.0	0.9
94~116			1.5	1.5	1.5	1.5	1.5	1.5	1.5	1.4	1.3

车间内工作地点的夏季空气温度　　　　表 3-3

夏季通风室外计算温度 t_w	工作区温度 t_n
29℃ 及 29℃以下	<32℃
30℃	<33℃
31℃	<34℃
32~33℃	<35℃
34℃	<36℃

3）有效热量系数法。在有强热源的车间内，空气温度沿高度方向的分布是比较复杂的。热源上部的热射流在上升过程中，周围空气不断卷入，热射流的温度逐渐下降。热射流上升到屋顶后，一部分由天窗排除，一部分沿四周外墙向下回流，返回工作区或在工作区上部重新卷入热射流。返回工作区的那部分循环气流与从窗孔流入的室外气流混合后，一起进入室内工作区，工作区温度就是这两股气流的混合温度。如果车间内工艺设备的总散热量为 Q（kJ/s），其中直接散入工作区的那部分热量 $m \times Q$ 称为有效余热量，m 则称为有效热量系数。

$$m = \frac{t_n - t_w}{t_p - t_w} \tag{3-19}$$

$$t_p = t_w + \frac{t_n - t_w}{m} \tag{3-20}$$

式中 t_p——室内上部排风温度，℃；

t_n——室内工作区温度，℃；

t_w——夏季通风室外计算温度，℃。

可以看出，在同样的 t_p 下，m 值越大，散入工作区的有效热量越多，t_n 就越高。m 确定以后，即可确定 t_p。确定 m 是一个很复杂的问题，m 值的大小主要取决于热源的集中程度和热源布置，同时也取决于建筑物的某些几何因素。

有效热量系数 m 值一般可按下式计算：

$$m = m_1 \times m_2 \times m_3 \qquad (3\text{-}21)$$

式中　m_1——热源占地面积 f 和地板面积 F 的比值，按图 3-8 确定的系数；

$\qquad m_2$——根据热源高度，按表 3-4 确定的系数；

$\qquad m_3$——根据热源的辐射散热量 Q_f 和总散热量 Q 之比值，按表 3-5 确定的系数。

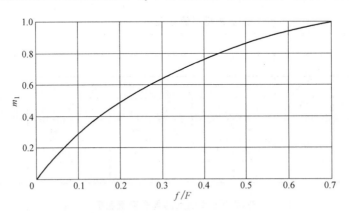

图 3-8　热压系数中 m_1 参数计算图

有效热量系数 m_2 值　　　　　　　　　　　　　　　　　　表 3-4

热源高度(m)	≤2	4	6	8	10	12	≥14
m_2	1.0	0.85	0.75	0.65	0.60	0.55	0.5

有效热量系数 m_3 值　　　　　　　　　　　　　　　　　　表 3-5

Q_f/Q	≤0.4	0.5	0.55	0.60	0.65	0.7
m_3	1.0	0.85	0.75	0.65	0.60	0.55

（2）确定窗孔的位置，分配各窗孔的进、排风量。

（3）计算各窗孔的内外压差和窗孔面积。

仅有热压作用时，先假定中和面位置或某一窗孔的余压，然后根据式（3-9）、式（3-10）计算其余各窗孔的余压。在风压、热压同时作用时，同样先假定某一窗孔的余压，然后按式（3-14）、式（3-15）计算其余各窗孔的内外压差。

应当指出，最初假定的余压值不同，最后计算得出的各窗孔面积分配是不同的。在热压作用下，进、排风窗孔的面积分别为：

进风窗孔

$$F_a = \frac{G_a}{\mu_a \sqrt{2|\Delta p_a|\rho_w}} = \frac{G_a}{\mu_a \sqrt{2h_1 g (\rho_w - p_{np})p_W}} \qquad (3\text{-}22)$$

排风窗孔

$$F_b = \frac{G_b}{\mu_b \sqrt{2|\Delta p_b|\rho_p}} = \frac{G_b}{\mu_b \sqrt{2h_2 g(\rho_w - p_{np})p_p}} \tag{3-23}$$

式中　Δp_a、Δp_b——窗孔 a、b 的内外压差，Pa；

　　　　G_a、G_b——窗孔 a、b 的流量，kg/s；

　　　　μ_a、μ_b——窗孔 a、b 的流量系数；

　　　　ρ_w——室外空气密度，kg/m³；

　　　　ρ_p——上部排风温度下的空气密度，kg/m³；

　　　　ρ_{np}——室外平均温度下的空气密度，kg/m³；

　　　　h_1、h_2——中和面至窗孔 a、b 的距离，m。

根据空气量平衡方程式，$G_a = G_b$，如果近似认为，$\mu_a \approx \mu_b$，$\rho_w \approx \rho_p$。上述公式可简化为：

$$(F_a/F_b)^2 = h_1/h_2 \text{ 或 } F_a/F_b = \sqrt{h_1/h_2} \tag{3-24}$$

从（3-24）可以看出，进、排风窗孔的面积的比值是随中和面位置的变化而变化的。中和面向上移（即增大 h_1，减小 h_2），排风窗孔的面积增大，进风窗孔面积减小；中和面下移，则相反。在热车间都采用上部天窗进行排风，天窗的造价要比侧窗高，因此中和面位置不宜选得太高。

如果车间内设有机械通风，则在空气量平衡方程式中应同时加以考虑。

3.2.8　自然通风的校核计算步骤

当进行校核计算时，可按已知的进、排风窗孔的面积估算出中和面的位置。根据空气平衡原理，由式（3-22）和式（3-23）得：

$$\mu_a F_a \sqrt{2h_1 g(\rho_w - \rho_{np})\rho_w} = \mu_b F_b \sqrt{2h_2 g(\rho_w - \rho_{np})\rho_p} \tag{3-25}$$

如果进风窗和排风窗的结构形式相同，可近似认为 $\mu_a \approx \mu_b$，则式（3-25）可以简化为：

$$\frac{h_1}{h_2} = \frac{F_b^2 \rho_p}{F_a^2 \rho_w} \tag{3-26}$$

以 $h_2 = H - h_1$，代入式（3-26）后整理得：

$$h_1 = \frac{F_b^2 \rho_p}{F_a^2 \rho_w + F_b^2 \rho_p} \cdot H \text{ 或 } h_1 = \frac{H}{1 + \frac{F_b^2 \rho_p}{F_a^2 \rho_w}} \tag{3-27}$$

同理，可得：

$$h_2 = \frac{H}{1 + \frac{F_b^2 \rho_p}{F_a^2 \rho_w}} \tag{3-28}$$

校核计算大多用来验算现成厂房或估算改建厂房的自然通风量及工作区的空气环境是否满足表 3-3。

3.3　机 械 通 风 原 理 与 方 法

3.3.1　机械通风原理

机械通风是指利用机械手段（风机、风扇等）产生压力差来实现空气流动的方式。机械通风和自然通风相比，最大的优点是可控制性强。通过调整风口大小、位置、风量等因素，可以改变室内的气流分布，达到满意的效果。机械通风分为三种方式：（1）通过机械送、排风，在确保房间新风量的基础上实现良好的通风效果，这种送排风系统还常装有热交换器和过滤器，通过热交换器实现排风的热量回收并通过过滤器降低室外空气中颗粒物对室内的污染；（2）通过机械送风在室内形成正压，通过预定的开口或门、窗等不严密处自然排风；（3）通过机械排风在室内形成负压，通过预定的开口或门、窗等不严密处自然送风。但是，不论是通过空隙的自然进风还是自然排风都不能准确控制空气流通的路径。

除上述机械通风形成方式外，室内环境保障效果的好坏还取决于机械通风方式下的气流组织类型。根据作用原理，室内通风气流组织可分为三类：稀释法、置换法、局域保障法。稀释法基于均匀混合原理，用于保障整个空间的空气环境，由此产生了混合通风的形式；置换法基于活塞风置换的原理，主要保障工作区的空气环境，由此产生了置换通风等形式；局域保障法基于按需求保障的原理，主要保障有需求的局部区域的空气环境，由此产生了工位送风（或个性化通风）形式。本章主要介绍混合通风、置换通风、地板送风三种形式，工位送风将在第 3.4 节讲述。

此外，需要说明的是，相对于通风的含义而言，送风仅指室内空气循环的方式，如上送风、下送风、上下同时送风等；新风是指通风系统将室外空气经过净化后送入室内的空气；回风（也可称为循环风）是指通风系统将室内环境中的空气经过净化后再送回室内；排风是指通风系统将室内环境中的空气经处理达到排放标准后排到室外。

3.3.2　混合通风

不同的机械通风形式是室内空气环境营造方法在不同历史阶段的产物，早期人们追求室内均匀一致的参数环境的营造，由此提出了混合通风的气流分布形式，即将热、湿处理后的空气以一股或多股的形式从工作区外以射流形式送入房间，射入过程中卷吸一定数量的室内空气，随着送风气流的扩散，风速和温差会很快衰减。这种稀释方式主要通过送入的空气与空间内空气充分混合来实现，故称为混合通风（见图 3-9），是稀释方法最基本

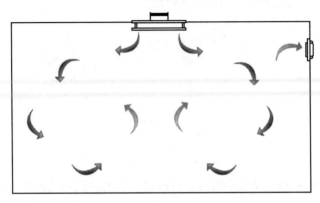

图 3-9　典型混合通风示意图

的应用。

1. 稀释原理

所谓稀释原理，即向对象空间送入某种被控空气物理量含量低的空气与空间中较高含量的空气充分混合，以达到该物理量含量满足生活和工艺要求的目的。传统的建筑通风主要依据的就是稀释原理。

实际建筑稀释系统多种多样，建筑特点、稀释空气入口（风口）的形式和个数、送风参数等情况千差万别。但是所有的情形都可以看成一定数量的送风口对一个体积为 V 的空间送风，空间中有污染源、热源和湿源，同时，又存在一定数量的出风口将空气排出，所有送风口风量的总和等于所有出风口风量的总和，空间保持质量平衡。对于某些特殊情况，污染源、热源和湿源都可以为 0。

多送风口、多回风口的空间也可以等价成为单送风口和单回风口的空间。此时，通风量 Q 等于所有送风口风量的总和，等价的送风口和出风口浓度与各风口浓度的关系为：

$$C_s = (\sum Q_i C_{si})/Q \tag{3-29}$$

$$C_e = (\sum Q_j C_{ej})/Q \tag{3-30}$$

式中　C_s——等价的送风口浓度，kg/m^3；

C_e——等价的出风口浓度，kg/m^3；

C_{si}——实际系统中第 i 个送风口处的浓度，kg/m^3；

C_{ej}——实际系统中第 j 个出风口处的浓度，kg/m^3。

注意：此处以浓度代表某种空气物理量，实际应用时，它可以是空气温度、湿度、组分浓度和污染物浓度等，故这是一个广义污染物的概念。

假设一个容积为 V 的空间内存在一个等价的送风口和一个等价的回风口，空气在此空间内均匀混合，设广义污染物散发速率为 $\dot{m}$，在通风前广义污染物浓度为 C_1，经过 τ 时间后空间内广义污染物浓度变为 C_2，送风中广义污染物的浓度是 C_s，通风量是 Q，则根据质量守恒可得：

$$V\frac{dC}{d\tau} = QC_s + \dot{m} - QC \tag{3-31}$$

初始条件为：$\tau=0$，$C=C_1$

上述方程的解为：

$$C_2 = C_1 \exp\left(-\frac{Q}{V}\tau\right) + \left(\frac{\dot{m}}{Q} + C_s\right)\left[1 - \exp\left(-\frac{Q}{V}\tau\right)\right] \tag{3-32}$$

上式称为稀释方程。可以看出，被稀释空间内广义污染物浓度按照指数规律增加或者减少，其增减速率取决于 Q/V，该值的大小反映了房间通风变化规律。

当 $\tau \to \infty$ 时，空间内污染物浓度 C_2 趋于稳定值 $\left(C_s + \frac{\dot{m}}{Q}\right)$。

2. 典型形式

在理想状态下，送风气流与室内空气充分均匀混合，不考虑风口临近区域，可认为室内污染物浓度基本相同。让回流区在人的工作区附近，从而可以保证工作区的风速合适，温度比较均匀。传统的通风空调方式大都采用混合通风，经过处理的空气以较大的速度送入房间内，带动室内空气与之充分混合，使得整个空间温度趋于均匀一致。与此同时，室内的污染物被"稀释"，但是到达工作区的空气已远不如送风口处的那样新鲜。在各种室内空气环境的营造方法中，混合通风得到了极其普遍的应用，如普通办公室、会议室、商场、厂房、体育场馆类高大空间等。

决定空间气流组织的因素主要包括送风口位置、送风口类型、送风量、送风参数等。常见的混合通风的气流组织形式如图 3-10 所示。

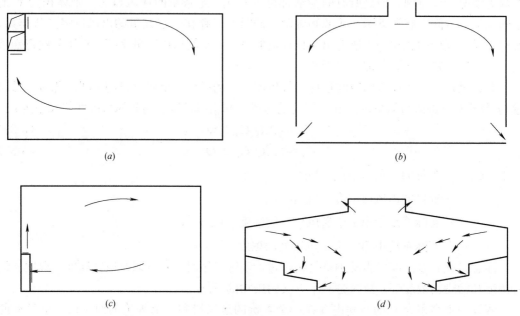

图 3-10　常见混合通风的气流组织形式
(*a*) 上送上回；(*b*) 上送下回；(*c*) 下送下回；(*d*) 侧上送下回

混合通风送风口形式多种多样，通常要按照空间的要求，对气流组织的要求和房间内部装饰的要求加以选择。常见的送风口类型主要有：喷口、百叶风口、条缝风口、散流器（方形、圆形和盘形）、旋流风口以及孔板等。图 3-11 列出了部分常见的送风口形式。

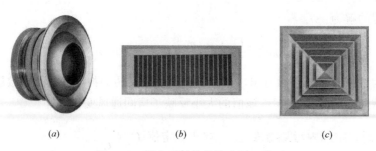

图 3.11　混合通风常见的送风口类型
(*a*) 喷口；(*b*) 条缝风口；(*c*) 散流器

混合通风的设计方法比较成熟，一般是基于稀释方程根据通风需要（去除热、湿或污染物的需要）求解通风量，然后依据不同末端的射流特性公式，保证人员工作区域或其他有要求的空间内区域的空气参数达到要求即可。详情可在通风空调设计手册及暖通设计规范中查到,此处不再赘述。

虽然混合通风的适用范围很广,但是存在一定的缺点:为了消除整个空间的热湿负荷、降低污染物浓度等,混合通风需要对整个空间的污染物进行稀释处理,所以通常采用大风量、高风速送风,送风速度随着风量和负荷的增加而增加。而考虑到人员的舒适性及某些场所的工艺要求,有时会希望室内的温差能尽量小、风速能尽量低。此外,室内污染物被稀释的同时,到达工作区的空气已远不如送风口处的那样新鲜。

3.3.3 置换通风

充分混合后的空气很难避免被污染,于是继混合通风后出现了置换通风方式。置换通风是置换法的代表,起源于 20 世纪 70 年代的北欧,最初应用于工业建筑,逐渐占据了北欧国家 50%的工业空调市场和 25%的民用空调市场。置换通风的工作原理是以极低的送风速度(0.25m/s 以下)将新鲜的冷空气由房间底部送入室内,由于送入的空气密度大而沉积在房间底部,形成一个凉空气湖。当遇到人员、设备等热源时,新鲜空气被加热上升,形成热羽流作为室内空气流动的主导气流,从而将热量和污染物等带至房间上部,脱离人的停留区。回(排)风口设置在房间顶部,热的、污浊的空气就从顶部排出。于是置换通风就在室内形成了低速、温度和污染物浓度分层分布的流场。图 3-12 给出了置换通风的原理示意图。

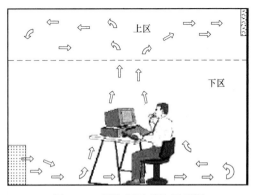

图 3-12 置换通风系统原理图

置换通风热羽流上升过程中,不断地卷吸周围空气,使流量逐渐增加,将到达与送风量相等时的高度称为热力分层高度。该高度将空间分为上下两个区,下区空气由下向上呈单向"活塞流",沿高度方向形成明显的温度梯度和污染物浓度梯度;上区空气由于气流上升过程中不断卷吸周围空气,使得顶板附近气体流量大于排风量,未排出的气体又向下循环流动,以补偿被卷吸的空气,故在上区形成循环气流,使上区空气不断混合,温度趋于均匀一致,温度梯度较小。此外,由于存在热力分层,上、下区是彼此分开的。局部工作区产生污浊空气会被热羽流及时带入上区,避免形成横向扩散;进入上区的气流不会再回流到工作区,从而保证了工作区较好的空气洁净度。一个良好的置换通风系统,必须保证热力分层高度大于工作区高度。

置换通风将处理过的空气直接送入到人的工作区(呼吸区),使人率先接触到新鲜空气,从而改善呼吸区的空气品质。置换通风与传统混合通风的对比见表 3-6。

两种通风形式的比较   表 3-6

	混合通风	置换通风
目标	全室温湿度均匀	工作区舒适性
动力	流体动力控制	浮力控制
机理	气流强烈掺混	气流扩散浮力提升

续表

	混合通风	置换通风
送风特征	大温差、高风速	小温差、低风速
	上送下回	下侧送上回
	送风紊流系数大	送风紊流系数小
	风口掺混性好	风口扩散性好
流态	回流区为紊流区	送风区为层流区
空间分布	上下均匀	温度/浓度分层
作用效果	消除全室负荷	消除工作区负荷
	空气品质接近于回风	空气品质接近于送风

图 3-13　置换通风散流器

置换通风的送风口一般位于侧墙下部（见图 3-13），从散流器出来的气流在近地面形成一薄层冷空气层。为避免产生吹风感，必须严格控制送风速度。散流器出口处的空气流速主要取决于送风量、气流阿基米德数和散流器类型等。置换通风多用于层高大于 2.4m，室内冷负荷小于 40W/m^2 的空调系统，而冷负荷较大的建筑，则需要有其他的辅助空调措施，如增设顶板冷却系统等。

空调房间气流组织形式的优劣可以用换气效率和通风效率来评价，通风的有效性与气流和污染源的分布特性有关。混合通风的理想换气效率只有 50%，当发生短路时还要低，通风效率一般也只有 50%～70%；置换通风的换气效率通常介于 50%～67%，通风效率介于 100%～200%。当评价室内空气品质时，热力分层高度是个重要的参数。如果该高度低于工作区高度，上区污染物就会向下循环，污染下区洁净空气，从而影响工作区空气品质。

总体而言，置换通风的优点为：热舒适以及室内空气品质良好；噪声小；空间特性与建筑设计兼容性好；适应性广，灵活性大；能耗低，初投资少，运行费用低。缺点为：在一些情况下，置换通风要求有较大的送风量；由于送风温度较高，室内湿度必须得到有效的控制；污染物密度比空气大或者与热源无关联时，置换通风不适用；在高热负荷下，置换通风系统需要送冷风，因此置换通风并不适于较暖和的气候；置换通风的性能取决于屋顶高度，不适合于低层高的空间。

3.3.4　地板送风

20 世纪 60 年代初，德国在高产热房间采用地板送风系统，处理负荷为 200～1000 W/m^2。20 世纪 70 年代，欧洲开始应用到办公用房。20 世纪 80 年代中期，英国伦敦的 Lloyd's 大楼和我国香港的汇丰银行采用下送风空调系统的成功，引起空调技术界关注。目前地板送风在德国、瑞士、荷兰、日本及加拿大等国均有应用，其中北美地区地板送风空调系统已占办公楼空调系统的 40%。

地板送风的送风口一般与地面平齐设置，地面需架空，下部空间用作布置送风管或直接用作送风静压层。利用地板静压箱（层），将处理后的空气经由地板送风口（地板散流器）送到室内，与室内空气发生热质交换后从房间上部的出风口排出，见图 3-14。就冷热源设备和空气处理设备而言，地板送风系统与传统的上送风空调系统相似，不同之处在于：它从地板下部空间送风；供冷时送风温度相对较高；在同一大空间内形成不同的局部气候环境；室内气流分布为从地板至顶棚的下送上回气流模式。

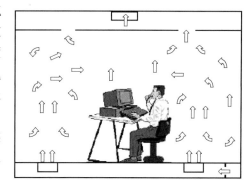

图 3-14 地板送风系统原理图

当送风量（速度）较小时，其气流流型类似于置换通风，随着高度的增加，空气温度逐渐升高（即热力分层），空气龄也逐渐增加。室内气流分为上、下两个区，上部为有回流的混合区，下部为近似于气流"活塞"式作用的工作区。上、下区的分层高度主要取决于送风量和冷负荷的大小。当送风量较大时，地板送风口以较大速度送出的空气射流将引起下部工作区空气的混合，从而削弱了工作区单向流的置换作用；并且，当送风射流的射程接近或超过上、下区分层高度时，则有部分上部混合气流被卷吸到下部工作区，使工作区的温度和污染物浓度升高。甚至当送风量大到一定程度时，送风射流可以达到房间顶棚，室内气流接近混合式通风的流型。为实现如置换通风一样工作区较低的空气温度和较高的空气品质，一般限定地板送风的送风速度不大于2m/s。地板送风系统通过热力分层为供冷工况提供良好的节能机会，在人员活动区保持热舒适和良好的空气品质，而让温度和洁净度差的空气处在头部以上的非人员活动区。研究表明，地板送风工作区的空气龄比相应条件下混合通风的空气龄减小20%～40%。

设计地板送风静压箱时，主要目标是要确保送出所需的风量和保持要求的送风温度和湿度，而且在建筑物地板面以上的任何地方都达到所需的最小通风空气量。设计地板送风静压箱时，利用静压箱输配空气有三种基本方法：（1）有压静压箱。通过对空气处理机组（AHU）风机送风量的控制，使静压箱内维持（相对于空调房间）一个微小的正压值（一般为12.5～25Pa）。在静压箱压力的作用下，将箱内空气通过设在架空地板平台上的被动式地板送风口（例如格栅风口、旋流地板散流器和可调型散流器等）输送到室内人员活动区；也可以将箱内空气通过设在地板上的主动式风机动力型末端装置，或者利用柔性风管接到设在桌面和隔断中的主动式送风末端装置输送到室内人员活动区。（2）零压静压箱。AHU将处理后的空气（或是新风）送入静压箱内。由于静压箱内与房间压力几乎相等，因此需要就地设置风机动力型（主动式）末端装置，将空气送入人员活动区。就地的风机动力型送风口，在温控器或者个人的控制之下，能在较大的范围内按需要控制送风状况，以满足热舒适和个人对局部环境的偏爱。（3）风管与空气通道。在某些系统中，利用设置在静压箱内的风管与空气通道，将处理后的空气直接输送到特定部位的被动式送风口或主动式风机动力型末端装置。它是控制静压箱内温度变化的另一种常用方法，因为通过风管来输送空气，可以隔绝气流的热力衰减。所谓"空气通道"是指以地板块的底面作为顶部，混凝土楼板作为底部，再以密封的钢板作为两个侧面而制作的矩形风道，其宽度一般为1.2m，相当于两块地板块的宽度。

常见地板送风口的类型主要包括地板散流器和格栅地板两大类。地板散流器的代表形式和布置位置见图3-15。

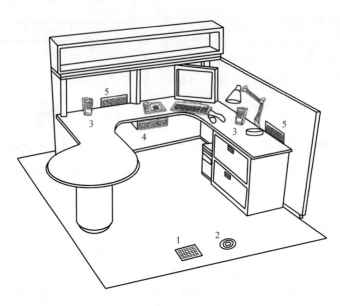

图 3-15　典型地板散流器的形式及布置

1—矩形喷射型地板散流器；2—圆形旋流地板散流器；3—桌面散流器；

4—桌面下散流器；5—隔断上散流器

散流器按工作原理可分为被动式散流器和主动式散流器两类。被动式散流器是指依靠有压地板静压箱，将空气输送到空调房间的送风散流器，主要包括：（1）旋流型散流器（见图 3-16）。来自静压箱的空调送风，经由圆形旋流地板散流器，以旋流状的气流流型送至人员活动区，并与室内空气均匀混合。室内人员通过转动散流器或打开散流器并调节流量控制阀门，便可对送风量进行有限度的控制。大多数型号的地板散流器都配有收集污物和溅液的集污盆。散流器的格栅面板有两种形式，一种是采用放射状条缝，形成标准的漩涡气流流型；另一种是部分放射条缝（形成漩涡气流流型）和部分环形条缝（形成斜射流气流流型）。（2）可变面积散流器。该类型的散流器是为变风量空调系统而设计，采用自动（或手动）的内置风门来调节散流器的可活动面积。当风量减少时，它通过一个自动的内置风门使出风速度大致维持为定值。空气是通过地板上的方形条缝格栅以射流方式送出（见图 3-17）。室内人员可以调节格栅的方向，也可以通过区域温控器进行风

图 3-16　被动式旋流地板散流器构件

量控制，或者由使用者单独调节送风量。图 3-18 所示为安装在架空地板下面，配置有圆形旋流散流器的 VAV 地板送风箱。位于入口处的圆形控制风门可以在 90°范围内旋转，使入口开度从全开调节到全闭，从而可以改变风量。送风可以直接送地板静压箱进入送风箱，也可以接风管从风机动力型末端装置输送到送风箱。

图 3-17 被动式可变面积散流器

图 3-18 配以旋流散流器的 VAV 地板送风箱

主动式散流器是指依靠就地风机，将空气从零压静压箱或有压静压箱输送到建筑物空调房间内的送风散流器，主要包括：（1）地板送风单元。在单一的地板块上安装多个射流型出风格栅。格栅内固定叶片的倾斜角度为 40°，可以转动格栅来调节送风方向。风机动力型末端装置被直接安装在送风格栅的下面，利用风机转速组合控制器来控制风机的送风量。（2）桌面送风柱。在桌面的后部位置上有两根送风柱（见图 3-19），可以调节送风量和送风方向，空气一般由混合箱送出。混合箱悬挂在桌子后部或转角处的膝部高度，然后再用柔性风管接至相邻的两个桌面的送风口。在混合箱中，利用小型变速风机将空气从地板静压箱内抽出，并通过桌面送风口以自由射流形式送出。（3）桌面下散流器。它是一个或多个能充分调节气流方向的格栅风口，安装在桌面稍下处，正好与桌面的前缘齐平（其他位置也可）。风机驱动单元既可邻近桌面，也可设在地板静压箱内，通过柔性风管将空气输送到格栅风口。（4）隔断散流器。送风格栅安装在紧靠桌子的隔断上，空气通过集成在隔断内的通道送到可控制的送风格栅。格栅风口的位置可正好在桌面之上，也可在隔断顶部之下。

条缝型格栅风口是格栅地板的此种类型，它带有多叶调节风门（见图 3-20），送风射流呈平面状，为了不让人们进行频繁的调节，一般不适合人员密集的内区。应将它布置在外区靠近外窗的地板面上。通常，设在静压箱内的风机盘管机组，通过风管将空气输送到外区的格栅风口处，并送入人员活动区。

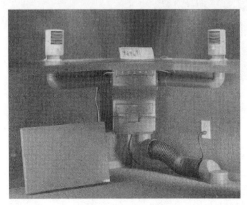

图 3-19　桌面送风柱

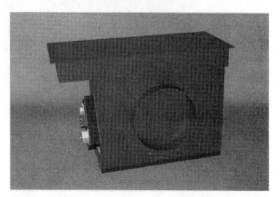

图 3-20　条缝形地板送风口

　　地板送风系统的优点为：（1）便于建筑物重新装修。当办公室用途改变，需要重新布置、装修时，设置在活动地板上的送风口易于变动，且地板下部空间可方便电力线路、通信线路、水管等的重新安装，可大大地降低重新装修的费用。（2）局部气候环境的个人控制。送风口设在地面上，人手可及，能随个人的要求调节出风方向和风量，提高个人热舒适性。（3）提高人员活动区的空气品质。从地板至顶棚的下送上回气流组织形式，有利于从使用空间中排除余热和污染物，从而保证工作区较高的空气质量。（4）节能。地板送风系统的工作区冷负荷较少，送风温度较高，制冷效率较高；过渡季节利用新风供冷的时间较长，全年中制冷机运行时间较短；空气输送动力小，风机能耗低。（5）降低新建筑物楼层高度。建筑物使用地板送风系统，虽然需要送风静压层，但不需要较大的顶棚空间来容纳送风管路及末端装置，与传统上送式空调系统相比较，地板送风系统可降低 5%～10% 的楼层高度。

　　地板送风系统的不足为：（1）成本较高；（2）送风静压层一般采用可动覆盖地板，缝隙渗漏难以避免，漏风问题会影响室内气流组织和系统能耗；（3）如果管理不善，架空地板得不到及时清尘，高速的出风气流将卷吸架空层内的细小尘粒一起流入工作区，对工作区造成污染；（4）不宜应用于建筑物翻新改造。因加高地板会遇到楼层高度、楼梯和电梯停靠位置的调整、卫生间地面的抬高等问题。

3.4　工位送风原理与方法

　　混合式通风使室内环境尽可能均匀，送风与周围环境混合后再到达人的活动区域，其对人的热感觉和空气品质的改善程度较差。置换通风能够提供较好的空气品质，特别是当房间内没有额外的受热污染源时。然而，与混合式通风相比，置换式通风的房间温度梯度较大，靠近地面的温度较低。同时靠近地面的气流速度通常也较大，若设计不合理，则会因对吹风感的抱怨和房间垂直温度差异引起较大的局部不适感。研究表明，同样的空气当其焓值较高时，感知空气品质较差。无论是混合式通风还是置换式通风，房间内到达人体呼吸区的空气焓值都会相对较高，因此，其感知空气品质也相对较差。要使感知空气品质提高，则需要提供更多的新风，而这样会使某些人有冷吹风感。

房间在实际使用过程中，室内人员具有不同的生理和心理反应、衣着量、活动水平，对空气温度和气流存在个体偏好。人的服装热阻值可能从 0.4clo 变化到 1.2clo 甚至更大范围，人的体力和脑力活动量的不同所导致的新陈代谢量可能在 1met 到 2met 之间变化，对空气温度偏好的个体化差异最高可达 10℃，对气流的偏好可能变化 4 倍以上。

因此，全空间调节有其局限性而且通常不能同时为每个人提供好的热感觉和空气品质。在典型的办公及商用建筑中，即便现有的通风、空调标准能够满足，仍然有 20％～40％的人有病态建筑综合征（SBS），而有 20％～40％的人会觉得室内空气品质难以接受。一般而言，混合式或置换式通风房间内的人员不得不在喜好的热感觉和感知空气品质间作出妥协，因为有些人对气流非常敏感而另外一些人对空气品质更为敏感。这种妥协对每个人而言是不同的，通常还会随时间而变化。全空间调节方式还有一个不足是房间气流会随家具的重新布置而改变，而这可能会使对吹风感和（或）空气品质差的抱怨有所增多。

对于一些面积较大，工作人员较少且位置相对固定的场合，只需要对工作人员工作的地点进行重点保障。为了实现室内环境保障系统的节能、舒适、空气品质和个性化要求，出现了基于个体微环境控制的工位送风系统，相继出现的工位/背景空调（Task/Ambient Conditioning，TAC）和个性化通风（Personalized Ventilation，PV）均指该类系统。工位送风即是以工作台为单位形成个人的工作区域，把空调系统细分到每个工作台上，控制工作区域内温度、湿度和产生的污染源，在保证工作区小环境的同时有效利用能源的空调。它有良好的气流组织，避免各区域空气的彼此流动，保证呼吸区域内的空气品质。个体化控制的微环境控制的优势在于：（1）新鲜空气可以直达人的呼吸区，减少与室内空气的混合，使人体吸入的空气尽可能地不受周围环境的污染，以保证较高的空气品质；（2）通过局部的冷却或加热，能够达到每个人满意的热感觉条件；（3）个体化通风的独立调节手段可以减小个体差异对舒适性的影响，同时产生的心理作用有助于从感知上提高空气品质。提供个体化控制之后，室内人员的抱怨减少而对局部环境的满意度提高。研究表明，对室内人员而言，拥有控制其局部环境的可能性比起真正进行大范围的控制调节更为重要。

3.4.1 系统分类

工位送风系统按送风方式和末端风口布置的不同，可分为地板工位送风系统、工作台或隔板工位送风系统、顶部工位送风系统。

1. 地板工位送风系统

地板工位送风系统（见图 3-21）与传统的地板送风系统的主要区别在于：后者的送风口是从服务于整体空间考虑的，通常均匀分布在房间里；而前者的送风口通常安装在每个人的附近，承担局部微环境的负荷，且个人可调节送风量和送风方向。地板式系统一般采用架空地板，可以比较简单地安装在需要的地点。

地板工位送风系统换气效率较高且污染物容易被上升的气流带走，在节约能源的同时可以保证呼吸区内具有良好的空气品质，但如果送风口处设计或调节不好导致风速过大时，离送风口近的区域易产生吹风感。

2. 工作台或隔板工位送风系统

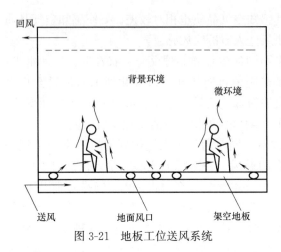

图 3-21　地板工位送风系统

工作台或隔板送风系统（见图 3-22），一般将送风口设置在工作台或隔板上，这样容易形成工作区小环境。经空气处理机组并输送到工作站的空气由办公桌附近的风管软接头引至办公桌背侧或下方的混合箱。冷风与室内空气混合后再由循环小风扇和风管输送到桌面的送风分布器（送风分布器可与音箱合为一体）。桌面设环境参数调节器，用户可自行调节空气分布器的出风参数或开关个人空调。设于桌面的人体感应器可感知：工作人员的在位情况，当人离开后，系统能自动延时切断风机和工作照明的电源。空气混合箱与建筑物的网络控制系统连接，实现楼宇自动化系统（BAS）对局部空调的集中监控与管理。

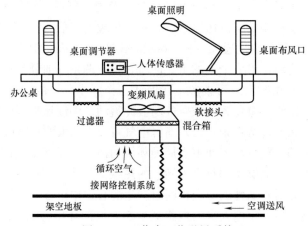

图 3-22　工作台工位送风系统

当局部送风系统承担房间全部热负荷时，每个单元承担负荷过大，有时会出现房间舒适性难以保障的情况。采用局部送风和背景空调相结合的组合系统可以解决上述问题，它能较好地解决背景区和工作区的气流组织和温度分布，减少吹风感。常见的做法是在集中空调送风的基础上增设工作台局部送风空调系统。

隔板送风系统将球形或喷嘴式风口布于办公区围挡屏隔板上（见图 3-23），到达工作站的空调送风由终端风扇送至隔板夹层内。一部分空气经个人空调送风口进入桌面工作区，另一部分空气由隔板夹层直接输送至上部空间形成背景空调。工作人员可通过隔板上的调节器自行改变桌面工作区的微气候。对于具有工作分区的大空间办公室，这是非常合理的一种工位送风方式。

与集中送风方式相比，工作台或隔板工位送风系统的总新风量减少，但到达人员呼吸区的新风量两者却相差不大，而且呼吸区污染物浓度也比集中送风方式。因此，工作台或隔板工位送风系统在保证呼吸区空气品质和节约能源方面均具有优势。

3. 顶部工位送风系统

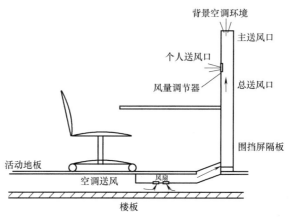

图 3-23 隔板工位送风系统

顶部工位送风系统是为适应改造工程而产生的,系统的送风口位于人的头顶附近(见图 3-24),采用足够高的风速将新鲜空气送到人体周围,可以通过遥控方式调节送风方向和送风量。与其他工位送风系统相比,该类型适合于无架空地板且层高受到限制的改造工程,但因风口距离人体较远,个人舒适度控制不如其他类型有效。

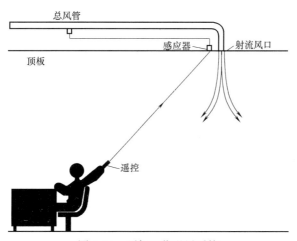

图 3-24 顶部工位送风系统

3.4.2 工位送风系统的节能性

采用个体化调节方式,将新风直接送到人的呼吸区,尽可能减少与周围空气的混合,可以更有效地提高新风的利用率,改善室内空气品质,因此,可以适当减少新风量,处理新风所需要的能耗也会减小。同时,个体送风系统能显著改善局部热环境,室内背景温度可以设定较高值。根据一项对受试者的实验研究结果,采用局部送风方式的夏季参数选用区域为:背景温度 26～30℃,相对湿度 30%～70%。因此,局部送风能够在环境背景温度较高的情况下,显著改善局部的热环境。即便环境温度高达 30℃,仍然可以通过局部送风参数的适当组合,满足使用者的要求。由于局部送风方式下的背景温度设定值提高,因而冷负荷会大大降低。当室内设定温度从 24℃提高到 30℃时,总的冷负荷最高能够降低 35%～50%,因此,个体化调节方式在节能方面具有广阔的应用前景。

3.4.3　工位送风系统的背景环境要求

根据工位送风的特点，目前大多采用局部送风与背景空调系统相结合的个体化空调系统，局部送风承担人体局部区域环境，而背景空调系统承担房间背景环境。

采用工位送风系统，人们会慢慢学会控制他们的局部环境以达到满意的参数要求，特别是在工作地点停留相对较长时间的情况下。然而，有些人也会离开其工作地点，从事不同活动量的工作，这时就要求一定的背景温度。并且，当人们回到工作地点后，背景温度也会影响其在工作区的热感觉。

人体附近的空气流动，也是影响人体热舒适的一个重要因素。当室内背景温度较高时，增加空气流动是有益的；而背景温度较低时，则可能导致不舒适的冷风感。当背景温度为 20℃时，来自前方和下方的气流比来自上方的气流会导致更高的冷风感；而当室温较高（26℃）时，即使气流速度高达 0.4m/s，来自前方的气流也很少导致冷风感。研究还发现，非等温射流导致的人体上部对流冷却，是从人体带走热量和在较高温度下保证人体可接受热感觉的一种有效途径。在较高温度下，部分人将会采用局部通风来冷却身体，或者提高气流速度，或者降低局部送风的温度。

局部通风产生的气流分布还取决于室内空气和局部送风气流的温差。在较高送风温差和较低风速时，送风会很快下降到桌面上，因此送出的新鲜空气不能直接到达人的呼吸区。所以，送风温差不能太大，一般不高于 6℃。

所以，背景环境的确定需要综合考虑人体在工作区域的舒适性、停留背景环境时间、局部送风温差要求、系统节能性等诸多因素的影响。

3.4.4　工位送风系统形式的新进展

近年来，工位送风的研究重点集中在工作台送风方面，工位送风也更多地称之为个性化通风。通风方式常采用局部送风＋背景空调的联合方式。基于局部送风和背景空调的不同类型，研究人员构建了多种新型个性化通风系统形式，并对系统性能开展了研究，部分形式如下：（1）无风道个性化通风＋置换通风系统（见图 3-25）。该系统将置换通风下部空气湖中的新鲜冷空气通过风机和个性化送风口直接输送至人员呼吸区。当人体附近有污染时，该形式下吸入的空气将比置换通风系统更干净；受个性化冷风速度提升的影响，感知空气品质将比置换通风高。（2）个性化通风＋地板送风系统（见图 3-26）。与混合通风和地板送风相比，该组合形式下感知空气品质和热感觉均更好，由于可采用更高的地板送风温度，脚部冷风感可降低，头部较暖的不舒适感可通过个性化冷风气流得到改善。（3）顶部个性化通风＋混合通风（见图 3-27）。传统个性化通风需要在工作区布置风管，占据工作区空间，且不利于家具的灵活布置。将个性化送风口布置于人员头部上方，个性化送风气流经过一定距离后到达人员呼吸区。当个性化送风气流增强或温度降低时，吸入空气温度可感受到变凉，个性化气

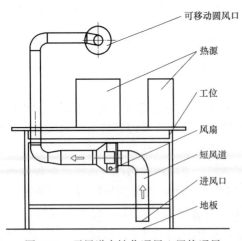

图 3-25　无风道个性化通风＋置换通风

可移动圆风口
热源
工位
风扇
短风道
进风口
地板

流变强可提感知空气品质，空气感觉更新鲜。

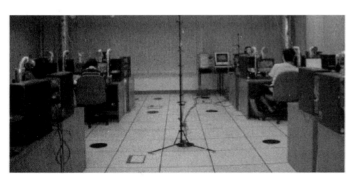

图 3-26　个性化通风＋地板送风

图 3-27　顶部个性化通风＋混合通风

3.5　新型通风技术的原理与方法

3.5.1　竖壁贴附射流通风

置换通风是一种高效的通风形式，但在许多使用空间不大的场合，布置下送风道较为困难。在布置不便的场合，针对如何通过顶部风口送风近似实现置换通风效果的问题，西安建筑科技大学提出了竖壁贴附射流通风的新形式，见图 3-28。基于壁面贴附送风和冲击式射流原理，处理后的空气由位于建筑空间上部的条缝风口送出，在康达效应（Coanda Effect）作用下与竖直壁面形成贴附并沿其向下流动。接近地面时逆压梯度增加，送风主体与竖壁分离，冲击房间左下角落后与地面形成贴附并沿地板向前延伸扩散，进而在工作区形成类似于置换通风的气流组织分布。该送风模式下的气流组织可划分为竖直向贴附区、射流冲击偏转区、水平向空气湖区三个部分。

该竖直壁面贴附式送风模式兼具混合通风和置换通风的特性，既有混合通风送风口容易布置、不占用工作区有效空间的优点，又具备置换通风工作区空气品质高、能源消耗低的优点，较好地解决了现有送风模式存在的弊端。

研究表明，竖壁贴附射流通风能够将上部风口的送风有效引入到房间下部工作区，形成空气湖状温度和速度分布，湖内最高速度不超过 0.3m/s；沿房间高度方

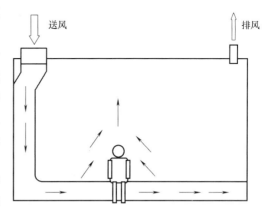

图 3-28　竖壁贴附送风气流组织示意图

向，室内温度呈现明显的下低上高的热分层现象，且工作区高度范围内最大温差不超过 3℃，在提升通风效率的同时，满足了人员热舒适性；排风口设置对气流组织效果影响不大，实际工程中可以根据需要设置排风口位置，为保证竖直壁面贴附送风有效性，应保证房间相对尺度 $L/H \geqslant 1.5$（房间长度与净高度之比），且房间相对尺度越小，对应的送风

速度取值应当越小。

考虑到很多建筑空间中存在柱、廊、杆、条等柱体结构，在沿竖直墙壁进行贴附送风方式的基础上，贴附送风理念进一步拓展到柱面贴附送风模式。针对方型柱面贴附送风模式的相关研究已经开展，由于风口不占用工作区域，且可方便地借助于建筑空间已有的柱体结构，将可能解决传统置换通风模式在地铁车站、商场等大空间建筑中难以应用的问题。

3.5.2　层式通风

层式通风是在节能减排形式下，响应高温空调的理念而产生的一种新型通风方式，由香港城市大学于 2005 年提出。提高空调房间设定温度是实现空调节能的重要手段，我国香港特别行政区政府机电工程署规定空调温度必须设定于最宜温度以免能源浪费，日本内阁环境省（MoE）鼓励将夏季办公室空调温度设定在 28℃，上述方式有利于节能，但实施时不应影响空气品质和热舒适。

研究表明，在偏暖的条件下，空气流动对热舒适性具有补偿作用。当人们在热感觉等级处于热中性或以上（偏暖）时，大多数人要求更大的空气流动。围绕人体的热对流层将污染物从地板和人体表面输运到呼吸区，该热对流层典型气流速度为 0.15m/s，较高的空气流动会打破这一对流层，因而改进人们所感受的空气品质。另一方面，人们的自然通风和室外微风的经历，使之将感受到的空气流动与空气品质的改善联系起来。在偏暖的环境中，呼吸区风速为 1m/s 是可以接受的。Humphreys 等指出，感受的空气品质主要受热感觉的影响。在偏热环境中，空气流动增加人体散热，因而提高热舒适性，进而提高感受空气品质。放宽对吹风感的限值将提供节能机会。

传统的混合通风送风口和人距离远，在工作区增强空气流动，需较大送风量能耗，风机能耗高；置换通风在节能方面表现良好，但设计不当容易过度冷却地面附近区域，造成腿部和脚踝的不舒适；工位通风系统可兼顾呼吸区空气品质和节能，但在房间内布置个性化送风末端和风管或不易实现，或费用太高，且人员未必一直在固定的位置停留。在此背景下，香港城市大学林章提出了适用于中小尺度房间的层式通风形式，见图 3-29。

图 3-29　层式通风系统

层式通风通过将送风口布置在侧墙或柱状物上略高于人员头部的位置，使新鲜的冷送风气流直接输送至人员头部附近（即呼吸区），形成较强的冷却效应，以实现热舒适和改善空气品质。层式通风在人员呼吸区高度形成一个新鲜空气层，不考虑上部区域（人员坐立时高度约>1.5m）的空气品质和热舒适，同时在呼吸区和地板之间（0～0.8m）形成一个准滞止区，该区温度不低于置换通风下的温度，因此可避免出现冷脚踝的问题。室内空气充分混合，工作区内温度梯度小于置换通风。研究表明，在房间温度为 27℃时，层式通风可提供头冷脚暖的热舒适环境；为避免冷风感，送风温度应不低于 20℃。层式通风下热中性温度可比混合通风高 2.5℃，比置换通风高 2.0℃。

目前，围绕层式通风的送风末端类型及布置的影响、气态污染物与颗粒物传播特性、热舒适性、送风参数（温度、风量）的影响、人体与送风气流的相互影响机制等方面已开展了一系列研究，初步揭示了层式通风的特点，并制定了层式通风系统的设计方法。该通风方式仍处于研究阶段，有待于在实际工程中推广使用。

3.5.3 多元通风

多元通风系统是一个能够在不同时间、不同季节利用自然通风和机械通风的不同特性的综合系统。其基本原理是通过在机械通风和自然通风之间切换以维持良好的室内环境，并且避免建筑全年运行空调系统所带来的成本、能源的过度消耗和导致的环境问题。系统的运行模式随着季节的改变而改变，在每一天的任意时刻，系统的运行模式反映了外部环境状况并且充分利用了当时的环境。

多元通风系统应由建筑设计、内部负荷、自然驱动力、外界环境决定，应能以节能的方式满足建筑内部环境要求。办公楼内的控制策略要在运用高级自动控制设备和使用者对环境进行直接控制之间找到一个平衡位置，并能最大限度地利用周围能量。同时，控制策略还应以最少的能耗获取所要达到的气流速度和气流分布。

多元通风主要方式有三种，即自然通风与机械通风相结合、风机辅助式自然通风、烟囱和风机辅助式机械通风（见图 3-30）。第一种方式基于两个完全独立的通风系统，针对不同的室内外环境，控制系统可以在这两个通风系统中自由转换或者用一种系统来实现一些任务并利用另一种系统来达到其他目的。例如，在过渡季节用自然通风，而在夏季或冬季用机械通风，或者在工作时间用机械通风。在夜间用自然通风。第二种方式是在自然通风的基础上添加一个辅助风机，当自然风压比较小或者风量需求增加时，可以用辅助风机增加通风压强。第三种方式依靠机械通风系统并最大限度地利用了自然动力，它包含了一个阻力很小的机械通风系统，在此系统中自然动力可以作为必要动力的一部分来考虑。

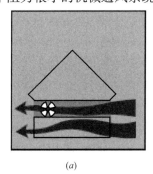 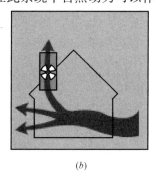 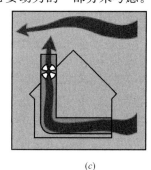

（a）　　　　　　　　　　　　（b）　　　　　　　　　　　　（c）

图 3-30　多元通风示意图

（a）自然通风与机械通风相结合；（b）风机辅助式自然通风；（c）烟囱和风机辅助式机械通风

1. 多元通风的实施

多元通风是一个相对新的概念，其系统性能（室内空气品质、热舒适、能耗等）有待在实际改建及新建建筑中进行评估，并充分考虑气候、国家、文化等方面的不同特征。欧盟各国曾联合开展了为期 4 年的由 25 个子体组成的"健康行动重点项目研究",重点探索如何降低对空调的依赖性,重新审视传统的自然通风及传统的机械通风,通过自然通风和机械通风的有机结合来改善室内环境,找出一种符合可持续发展理念的、节能的、健康的调节方式。迄今为止,多元通风的基本模式仍不十分清晰,这是因为多元通风非常依赖于室外气候、建筑物周围微气候以及建筑物热物性参数。因此,设计之初就必须将这些因素考虑进去。另外一些技术措施,如夜间冷却潜能、噪声和周围空气污染,以及消防安全和保障的问题也同样重要。在设计时,建筑中开口位置和大小,提高热压驱动力的措施,例如太阳能烟囱等,还必须与白天和夜晚所选择的通风策略相配合,并确定合适的控制策略,自动和/或手动控制的水平及使用者的互动的决策。最后,才能设计整个系统的控制策略,从而保证在可接受的条件下优化能源消耗。

Heiselberg 和 Tjelflaat 提出了关于多元通风系统各个设计阶段(包括概念设计、基本设计、施工设计、设计评价以及试运行)的应对策略,并指出还缺少一种设计工具符合各个设计阶段的要求,并且机械通风系统的设计方法并不完全满足多元通风系统的设计要求,关键在于要综合考虑建筑和机械通风系统然后提出高效的结合方案,也就是应当把重点放在建立耦合的热气流模拟模型上。由于多元通风与建筑内的热气流作用存在紧密联系,因此在研究多元通风设计方法时应同时考虑二者的影响并将其有效结合。这一点是目前各种研究方法,包括简单的设计方法、分析方法、单区及多区方法以及详细的计算流体力学方法面临的共同问题。重点是实现热流模拟模型与多区流动模型的有机结合,即可考虑建筑内热气流作用,并且在很大程度上改善对多元通风系统性能预测的准确性。该综合模型将可预测多元通风系统的年能耗,也将成为多元通风系统重要的设计方法。由于多元通风与传统的机械通风设计理念完全不同,对通风性能的要求也与传统的机械通风也不同,随之其能量性能指标和舒适要求也必然不同。因此,多元通风和机械通风的费用比较应基于整个建筑物的生命周期成本,而不能简单地在初始成本的基础上进行比较。由于设计方法不同,初始情况、运行、维护和清理成本之间的平衡也不同。

多元通风是个新兴课题,相关研究正在逐步积累当中。目前,已有一些实施多元通风的建筑案例,并且取得了很好的效果。2001 年,Schild 调研了挪威 17 栋多元通风系统建筑,其中多数建筑的设计本意为改善室内空气品质而不是致力于节能,超过 70% 的建筑都将进风管埋入建筑基础内,从而达到夏天预冷空气的效果。这些系统可以分为季节性风量调节系统和热回收系统两类。总体而言,系统性能良好,既提供了较高的空气品质,又没有耗费过多的运行费用。

2. 多元通风的性能预测

环境控制的最终目标是为人们提供满意的空气品质和热舒适环境,实现控制目标的环境控制策略应高效节能、安全,并符合声学、审美等要求。因此,需要分析方法帮助评价和优化建筑多元通风的使用效果。随着环境及建筑设计的发展,有更多的数据可供设计者使用,因此,应选择一种分析法或是在设计的每个阶段都有适当的细节层次的方法。

由于多元通风是自然通风与机械通风的结合,人们对其分析方法提出了一系列复杂的要求,要求有一个全面的方法,既要考虑室内外的环境又要考虑机械系统。例如,多元通风系统在自然通风模式与机械通风模式间转换时,自然通风模式会在空间形成温度分层,而机械通风模式送入的是混合空气,不会形成温度分层,这种分析方法必须能解决以上模式的转化并能模拟（可能很复杂）控制策略本身。此外，由于混合通风系统经常用于温度以及室内空气品质的控制，这些分析方法要能将热模型与通风模型相结合。

对于多元通风最理想的分析方法应包括对自然通风模型的模拟、机械通风模型的模拟以及控制系统的模拟。许多方法都可以用于分析机械通风与自然通风中气流流动及能量使用，如简单的分析及经验方法、多区域模型方法、区域模型方法及计算流体动力学的方法。

（1）简单的分析及经验方法。常用于几何形状简单的建筑物，例如，单面通风以及一个建筑中两个风口的通风。

（2）多区域模型方法。选择有代表性的建筑物，多区域网络模型可预测整个建筑的全部风量以及通过风口的单独流量，但不能预测建筑物中每个区域具体的流动状况。它与大部分多区域热模型是兼容的。

（3）区域模型方法。可将室内分成若干个充分混合的小区域，在这些小区域温度中，假定像温度、污染物浓度这样的参数的分布是稳定的。不同区域间质量流量的计算是通过将驱动流体流动的因素，如喷射、羽流、边界层流动等的实验/分析方法与预计的压力分布相结合。分区模型可以具有不同的复杂性，这取决于房间流场的流动特性，可以是一维的、二维的或是三维的。区域模型使用相对简单是因为能够将现有的多房间建筑能耗与气流分析相结合，来预测由自然对流与强制对流共同组成的多元通风的性能。

（4）计算流体动力学方法（CFD）。将小的几何区域再次划分为大量的网格，在这些网格上建立并求解控制方程。CFD方法特别适用于建筑物内部及周围的气流运动分析，能对通风空间内的气流运动形式、污染物及温度分布做出详细的分析。CFD方法比分区方法计算起来更耗时。对于采用多元通风的整个建筑全年的运行进行模拟，CFD方法与实际热模型的结合不仅超出了许多计算机的计算能力，而且是没必要的。

由于多元通风与建筑内的热气流作用存在紧密联系，因此在研究多元通风设计方法时应同时考虑二者的影响并将其有效结合。这一点是目前各种研究方法，包括简单的设计方法、分析方法、单区及多区域方法以及详细的计算流体力学方法面临的共同问题。重点是实现热流模拟模型与多区流动模型的有机结合。这样就可以考虑建筑内的热气流作用，并且在很大程度上改善了多元通风系统性能预测的准确性。这个综合的模型将能够预测多元通风系统的年能耗，它也将因此成为多元通风系统重要的设计方法。其次，在具有详细建筑资料和系统性能测试结果的实际建筑的基础上建立所研究的建筑模型对研究的可信度非常有利。

3.5.4　面向需求送风

从需要送风（调控目标）到如何送风（调控方式）再到实现室内环境营造（调控效果）这一整个过程中，为了在遵循当前建筑环境污染特点和室内空气过程作用规律的基础上，突破现有送风调控方式的局限，达到建筑节能与服务质量双重提升，需要采用高效送风调控，即面向建筑室内人体微环境需求进行送风。因此，研究面向建筑室内人体微环境需求送风调控机理具有重要的理论价值和科学意义。

1. 分布参数型需求送风模型

针对特定的建筑空间，从室内空气品质角度考虑，确定所需的送风量应以始终"保障室内人员的健康、舒适和效率"为目标；同时，室内气流组织的输运特征决定了送风调控室内污染所形成的是非均匀分布环境，即需要分布参数模型来反映。综合以上两点考虑，将室内空气品质的保障按照呼吸区和非呼吸区分别考虑，这样既满足调控目标，又实现建筑节能。

另一方面，在构建分布参数型送风模型过程中，需要的已知信息包括：污染源条件（动态数量变化和散发率）、建筑空间初始污染状态、送风品质、室内空气品质调控目标，如图 3-31 所示。

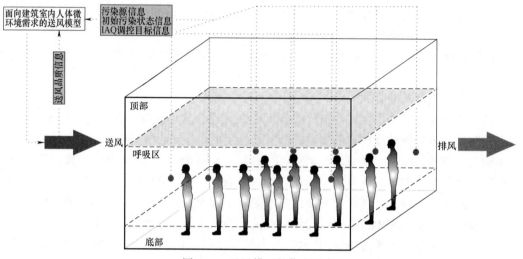

图 3-31　送风模型的信息需求

基于这些前提条件，给出面向室内人体微环境需求的分布参数型送风模型结构如图 3-32 所示。

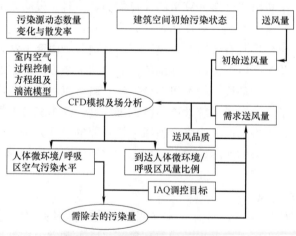

图 3-32　分布参数型送风模型结构

在分布参数型送风模型结构中，送风到达人体微环境（呼吸区）的风量比例采用示踪气体法的原理来确定，即：

$$\psi\big|_{t-\Delta t}=\frac{\iiint\limits_{\Omega_{rrv}}C_{tg}\mathrm{d}v}{m_{tg}} \tag{3-33}$$

同时，需要除去的污染量为：

$$R_p\big|_{t-\Delta t} = \iiint_{\Omega_{rrv}} (C_p - C_{req,p})\,\mathrm{d}v \tag{3-34}$$

相应地，需求送风量为：

$$G_d\big|_t = \frac{R_p\big|_{t-\Delta t}}{(C_{req,p} - C_{p,in})\psi\big|_{t-\Delta t}} \tag{3-35}$$

式（3-33）～式（3-35）中　　t——送风时间，s；

Δt——时间步长，s；

C_{tg}——示踪气体浓度，mg/m^3；

m_{tg}——送风入口示踪气体的释放量，mg/s；

Ω_{rrv}——人体微环境（呼吸区）的体积，m^3；

C_p——所调控的污染物控制指标浓度，mg/m^3；

$C_{req,p}$——所调控的污染物控制指标的目标浓度，mg/m^3；

$C_{p,in}$——所调控的污染物控制指标的送风入口浓度（送风品质），mg/m^3。

2. 集总参数型需求送风模型

上述分布参数型送风模型是基于物理场的结果得到需求送风量，而为了便于空调通风工程的应用，本书将给出确定需求送风量的简化方法，即建立集总参数型送风模型。根据以满足人体微环境 IAQ 调控目标需求为前提，将建筑室内空间按照呼吸区和非呼吸区分别考虑；同时，考虑到室内空气环境的非均匀性特点，需沿用送风到达人体微环境（呼吸区）的风量比概念以及引入污染源散发量进入呼吸区的比例系数概念。此外，考虑到气体污染物、悬浮颗粒物（PM2.5）和化学反应生成的二次污染物在室内的传递过程与需求目标差异，在建立集总参数型送风模型过程中将按照三种情形分别做出考虑。

情形 1：针对气态污染物而言，根据人体微环境（呼吸区）所调控的污染物指标的质量守恒关系，可以得到：

$$\Omega_{rrv}\frac{\mathrm{d}C_p}{\mathrm{d}t} = \psi G_d C_{p,in} + \lambda m_p - \psi G_d C_p \tag{3-36}$$

初始条件为：

$$C_p = C_{p,0} \quad (t=0) \tag{3-37}$$

联合式（3-36）和式（3-37）可以得到：

$$\frac{\psi G_d C_{p,0} - \lambda m_p - \psi G_d C_{p,in}}{\psi G_d C_{req,p} - \lambda m_p - \psi G_d C_{p,in}} = \exp\left(\frac{\psi G_d}{\Omega_{rrv}}t\right) \tag{3-38}$$

当 $\psi G_d t/\Omega_{rrv} \ll 1$ 时，由式（3-38）可以得到：

$$G_d = \frac{1}{\psi}\left[\frac{\lambda m_p}{C_{req,p} - C_{p,in}} - \frac{\Omega_{rrv}(C_{req,p} - C_{p,0})}{t(C_{req,p} - C_{p,in})}\right] \tag{3-39}$$

情形 2：对于悬浮颗粒物（PM2.5）而言，还需考虑其动力学特性，即沉积作用。因此，根据质量守恒的原则可以得到：

$$\Omega_{rrv}\frac{\mathrm{d}C_{p,p}}{\mathrm{d}t} = \psi G_d C_{p,p,in} + \lambda m_{p,p} - \psi G_d C_{p,p} - v_d A C_{p,p} \tag{3-40}$$

初始条件为:

$$C_{p,p}=C_{p,p,0}(t=0) \tag{3-41}$$

联合式 (3-40) 和式 (3-41) 可以得到:

$$\frac{(\psi G_d+v_d A)C_{p,p,0}-\lambda m_{p,p}-\psi G_d C_{p,p,\mathrm{in}}}{(\psi G_d+v_d A)C_{\mathrm{req},p,p}-\lambda m_{p,p}-\psi G_d C_{p,p,\mathrm{in}}}=\exp\left[\frac{(\psi G_d+v_d A)}{\Omega_{\mathrm{rrv}}}t\right] \tag{3-42}$$

当 $(\Psi G_d+v_d A)t/\Omega_{\mathrm{rrv}}\ll 1$ 时,由式 (3-42) 可以得到:

$$G_d=\frac{1}{\psi}\left[\frac{\lambda m_{p,p}-v_d A C_{p,p,\mathrm{in}}}{C_{\mathrm{req},p,p}-C_{p,p,\mathrm{in}}}-\frac{\Omega_{\mathrm{rrv}}(C_{\mathrm{req},p,p}-C_{p,p,0})}{t(C_{\mathrm{req},p,p}-C_{p,p,\mathrm{in}})}-v_d A\right] \tag{3-43}$$

情形 3:针对化学反应生成的二次污染物,由于来源于室内化学反应过程,所以根据质量守恒关系,可以得到:

$$\Omega_{\mathrm{rrv}}\frac{\mathrm{d}C_{p,c}}{\mathrm{d}t}=S_R-\psi G_d C_{p,c} \tag{3-44}$$

若认为在初始时刻室内化学反应尚未发生,则初始条件为:

$$C_{p,c}=0(t=0) \tag{3-45}$$

联合式 (3-44) 和式 (3-45) 可以得到:

$$\frac{S_R}{S_R-\psi G_d C_{\mathrm{req},p,c}}=\exp\left(\frac{\psi G_d}{\Omega_{\mathrm{rrv}}}t\right) \tag{3-46}$$

当 $\psi G_d t/\Omega_{\mathrm{rrv}}\ll 1$ 时,由式 (3-46) 可以得到:

$$G_d=\frac{1}{\psi}\left(\frac{S_R}{C_{\mathrm{req},p,c}}-\frac{\Omega_{\mathrm{rrv}}}{t}\right) \tag{3-47}$$

式 (3-36)~式 (3-47) 中　λ——污染源散发量进入呼吸区的比例系数;

m_p 和 $m_{p,p}$——分别为建筑空间气体污染物和悬浮颗粒物的散发量,mg/s;

S_R——呼吸区二次污染物的产生量,mg/s;

$C_{p,0}$ 和 $C_{p,p,0}$——分别为所调控的气体污染物和悬浮颗粒物在呼吸区的初始浓度,mg/m^3;

v_d——悬浮颗粒物的沉积速度,m/s,可由沉积率确定,一般室内颗粒物沉积率为 $0.000025\mathrm{s}^{-1}$;

t——空调送风时间,s。

【课外自学】

学习通风换气效果的各类评价指标及测量方法。

【知识拓展】

1. 查阅相关文献资料,从污染源特性、参数需求、通风方式等多个角度分析民用建筑室内通风与工业建筑通风的异与同。

2. 查阅相关文献资料,了解实际中有哪些强化自然通风的装置或系统。

3. 查阅相关文献资料,了解一些特殊公共建筑空间(机场航站楼、地铁等)的典型气流组织形式。

【研究专题】

1. 从中国期刊网查阅最新的文章,写一篇 2000 字左右的综述,论述室内通风的最新研究进展。

2. 从 Web of Science 上查阅 1～2 篇关于室内通风的最新英文期刊文章，写出文章的主题思想。

本章参考文献

［1］ Stenberg B. The sick building syndrome（SBS）in office workers，a case-reference study of personal，psychosocial and building-related risk indicators ［J］. International Journal of Epidemiology，1994，23：1190-1197.

［2］ Sundell J，Levin H.，Nazaroff W. W. Ventilation rates and health：multidisciplinary review of the scientific literature ［J］. Indoor Air，2011，21：191-204.

［3］ Fanger P. O. What is IAQ? ［J］. Indoor Air，2006，16：328-334.

［4］ Cometto-Muniz J. Z，Cain W. S & Hudnell H. K，Agonistic sensory effects of airborne chemicals in mixtures：odor，nasal pungency and eye irritation ［J］. Percept Psychophys，1997，59（5）：665-674.

［5］ ASHRAE. ASHRAE Standard 62.1-2010：Ventilation for Acceptable Indoor Air Quality ［J］. Atlanta：ASHRAE，2010.

［6］ 王军，张旭. 建筑室内人员密度对新风量指标的影响特征分析 ［J］. 流体机械，2010，38（2）：61-66.

［7］ Hazim B. A. Chapter7-ventilation ［J］. Renewable and sustainable energy reviews，1998，2：157-188.

［8］ Yaglou C. P. Ventilation requirements ［J］. Trans. ASHVE，1936，42：133-162.

［9］ John E，Janssen，P. E. The V in ASHRAE：An historical perspective ［J］. ASHRAE Journal，1994，8：126-132.

［10］ 王军. 高密人群建筑空间新风量指标的基础研究 ［D］. 上海：同济大学，2012.

［11］ 赵彬，李先庭，彦启森. 室内空气流动数值模拟的风口模型综述 ［J］. 暖通空调，2000，30（5）：33-37.

［12］ 李强民，邓伟鹏. 2004. 排除人员活动区内人体释放污染物的有效通风方式——置换通风 ［J］. 暖通空调，34（2）：1-4.

［13］ 于燕玲，由世俊，王荣光. 置换通风的应用及研究进展. 中国建设信息：供热制冷专刊 ［J］，2005，6：61-65.

［14］ Nielsen P V. Velocity distribution in a room ventilated by displacement ventilation and wall-mounted air terminal devices ［J］. Energy Buildings，2000，31：179-187.

［15］ Xing H. Measurement and calculation of the neutral height in a room with displacement ventilation ［J］. Building and Environment，2002，37：961-967.

［16］ 孔琼香，俞炳丰. 办公楼地板送风系统应用于研究现状 ［J］. 暖通空调，2004，34（4）：26-31.

［17］ 杨娟，刘卫华. 地板送风空调系统研究现状及发展 ［J］. 制冷与空调，2009，19（6）：1-5.

［18］ Bauman F S. 地板送风设计指南 ［M］. 杨国荣，等译. 北京：中国建筑工业出版社，2006.

［19］ Price Industries. Product information. Price Industries，Suwanee，Ga.，http：//www. pricehvac. com

［20］ York International. Product information. York International，York，Pa.，http：// www. york. com.

［21］ Johnson Controls. Product information. Johnson Controls，Milwaukee，WI，http：// www. jci. com.

[22] 李俊，赵荣义. 个体化微环境调节研究进展 [J]. 暖通空调，2003，33 (3)：52-56.

[23] 郑洪男，端木琳，张晋阳. 日本工位空调系统的研究与应用 [J]. 制冷空调与电力机械，2005，26 (1)：58-61.

[24] Zhao R，Xia Y，Li J．New conditioning strategies for improving the thermal environment [C]// Proceedings of International symposium on building and urban environmental engineering，Tianjin，1997.

[25] Bauman F S，Carter T G，Baughman A V，Arens E A．Field study of the impact of a desktop task/ambient conditioning system in an office building [J]．ASHRAE Transactions，1998，104 (1)：1153-1171.

[26] Yang B，Sekhar S C，Melikov A K．Ceiling-mounted personalized ventilation system integrated with a secondary air distribution system—a human response study in hot and humid climate [J]．Indoor Air，2010，309-319.

[27] Halvonova B，Melikov A K．Performance of "ductless" personalized ventilation in conjunction with displacement ventilation：Impact of disturbances due to walking person (s) [J]．Building and Environment，2010，45：427-436.

[28] Li R，Sekhar S C，Melikov A K．Thermal comfort and IAQ assessment of under-floor air distribution system integrated with personalized ventilation in hot and humid climate [J]．Building and Environment，2010，45 (9)：1906-1913.

[29] 尹海国，陈厅，孙翼翔，李安桂. 竖直壁面贴附式送风模式气流组织特性及其影响因素分析 [J]. 建筑科学，2016，32 (8)：33-39.

[30] 尹海国，陈厅，刘志永，孙翼翔，李安桂. 基于方柱面贴附空气幕式送风模式气流组织特性研究 [J]. 暖通空调，2016，46 (9)：128-140.

[31] 林章，周天泰，曾志宽. 层式通风—高温空调下的出路 [J]. 化工学报，2008，59 (S2)：235-241.

[32] Cheng Y，Lin Z．Experimental study of airflow characteristics of stratum ventilation in a multi-occupant room with comparison to mixing ventilation and displacement ventilation [J]．Indoor Air，2015，25：662-671.

[33] Tian L，Lin Z，Wang Q．Comparison of gaseous contaminant diffusion under stratum ventilation and under displacement ventilation [J]．Building and Environment，2010，45：2035-2046.

[34] Heiselberg P，and Tjelflaat P O．Design Procedure for Hybrid Ventilation [C]//HybVent Forum '99，Sydney，Australia，1999.

[35] Schild P G．An Overview of Norwegian Buildings with Hybrid Ventilation [C]//HybVent Forum '01，Delft University of Technology，The Netherlands，2001.

[36] 朱颖心主编. 建筑环境学（第三版）[M]. 北京：中国建筑工业出版社，2010.

第4章 空气洁净技术与原理

【知识要点】

1. 空气洁净概念及应用领域。

2. 洁净室类型、标准。

3. 空气洁净设备的构成及原理。

4. 空气洁净的原理。

【预备知识】

1. 空气品质的含义及保障措施。

2. 室内通风原理。

【兴趣实践】

针对不同洁净度要求的手术室，调研其室内空气环境参数在不同时段的变化特点，区分使用时段和非使用时段的差异，熟悉手术室日常管理措施。

【探索思考】

1. 如何针对不同特点的洁净室选择合理的气流组织方案？

2. 分析影响洁净技术发展的瓶颈有哪些以及可能的突破策略。

4.1 空气洁净的概念与发展历程

4.1.1 空气洁净的概念

空气洁净具有两种含义：一是空气净化，表示空气洁净的"行为"；二是指干净空气所处的洁净"状态"。

空气净化：降低室内空气中的微生物、颗粒物和气态污染物等，使其达到无害化的技术或方法。

空气洁净度：用一定体积或一定重量空气中所含污染物质的粒径、数量或重量来表示。

洁净室：是空气悬浮粒子浓度受控的房间，其建造和使用方式可最大限度地减少房间进入的、产生的和滞留的粒子。房间内的温度、湿度、压力等其他相关参数均按要求受控。

洁净手术部（室）：采取一定空气洁净技术，使空气菌落数和尘埃粒子数等指标达到相应洁净度等级标准的手术部（室）。

洁净区：空气中微粒的数量控制在规定的洁净度等级范围内的特定区域。

空气洁净技术：洁净室污染控制技术以及为创造污染程度受控的工作环境所采取的所有方法，包括预防性措施。

空气洁净度等级：空气洁净度是洁净环境中空气含悬浮粒子量的多少的程度，通常空气中含尘浓度高则空气中洁净度低，含尘浓度低则空气洁净程度高。

空气净化装置：去除空气中微生物、颗粒物和气态污染物的装置。

气溶胶：固体颗粒、液体颗粒或二者在气体介质中的悬浮体系。这些颗粒物在该体系中的降落速度很小。

微生物气溶胶：分散相中含有微生物的气溶胶。微生物在空气中所形成的体系，既包含微生物又包含空气介质，是双相的。

空气微生物：系空气里的微生物，是单相的，不包含空气介质。

菌落形成单位：在活菌培养计数时，由单个菌体或聚集成团的多个菌体，在固体培养基上生长繁殖所形成的集落，称为菌落形成单位，以其表达活菌的数量。

洁净室的四大技术要素：（1）送风至少经过三级过滤（粗效、中效和高效），并且高效过滤器应设置在系统的末端；（2）洁净室应有足够的净化和空调的送风量；（3）洁净室应维持必要的压力梯度（正压梯度或负压梯度）；（4）洁净室应有合理的气流组织。

按照洁净室（区）的空气洁净度级别状态所达到空气洁净度级别处于的状态分三种：（1）空态（as-built）：是指设施已经建成，其服务动力共用设施区接通并运行，但无生产设备、材料及人员的状态。（2）静态（as-rest）：是指设施已经建成，生产设备已经安装好，并按供需双方商定的状态运行，但无生产人员的状态。（3）动态（operational）：是指设施以规定的方式运行，并在商定的状况下进行工作。

4.1.2 空气洁净的发展历程

空气洁净技术起源于发达国家，经历了不同的发展阶段。早在 20 世纪 20 年代，美国航空业在陀螺仪制造过程中，为消除空气中尘埃粒子的污染，最先提出了生产环境的净化要求。美国一家导弹公司曾发现，装配惯性制导用陀螺仪时，在普通车间平均每生产 10 个产品就要返工 120 次，而在控制尘粒污染的环境中装配，返工次数可降低至 2 次。在朝鲜战争中，美国发现大量电子仪器故障的主要原因是灰尘，其中有 84％的雷达失效、48％的水声测位仪失效、陆军 65％～75％的电子设备失效与灰尘关系密切，每年的维修费用超出原价 2 倍，而 5 年中空军电子设备的维修费用是设备原价的 10 倍多。阿波罗号登月计划中，其精密机械加工和电子控制仪器制造环境要求净化。为了从月球带回岩石，对容器、工具的生产环境的洁净度有严格的要求，促进了洁净技术的大发展，出现了层流技术，建造了百级洁净室。英国和日本也在 20 世纪 50 年代建立了洁净室，用于生产陀螺仪及半导体。苏联也在同时期编制了"密闭厂房"的典型设计。在洁净技术的应用中，提高了原材料的纯度、产品装配的精度，提高了仪器的可靠性与寿命。20 世纪 60 年代，人们发现在工业洁净室中测试得到的微生物浓度远低于洁净室外空气中的微生物浓度，于是便开始尝试利用工业洁净室进行那些要求无菌环境的实验，并对尘、菌共存的机理进行研究后确认，空气中的细菌病毒一般以群体存在，并以空气中的尘埃粒子作为载体附着在其表面。空气中尘埃粒子越多，细菌附着的机会就越多，传播的机会也会增多。所以，在控制尘粒数量的同时，也使附着于尘粒上的微生物得到控制。依据这些研究成果，在 20 世纪 70 年代初诞生了以控制空气中微生物为主要目的生物洁净室。

我国在 20 世纪 50 年代末开始研究应用洁净技术，并逐步从军工走向民用。在 20 世纪 80 年代中期，把洁净技术应用于医药行业。随着制药企业 GMP 认证制度的实施，近十年来，洁净技术的应用有了突飞猛进的发展，建造了大量的生物洁净室，并应用于药品生产、生物制品的制造、食品及化妆品生产等过程中。近几年，在各大医院建造了许多洁净手术部、PCR 实验室及生物治疗实验室等生物洁净室，提高了手术的成功率及医疗科研的水平。

纵观国内外空气洁净技术的发展史，都是伴随着产品的可靠性、加工工艺的精密化、产品的微型化以及产品的高纯度等要求而不断发展的。空气洁净技术的发展经历了以下阶段：1970 年，1k 位的集成电路开始大规模生产，使洁净技术的发展突飞猛进。20 世纪 80 年代，大规模和超大规模集成电路的生产，使空气洁净技术有了进一步的发展，集成电路的最细光刻线宽达到 $2\sim3\mu m$。20 世纪 70 年代末和 80 年代初，美国、日本研制出 $0.1\mu m$ 级高效空气过滤器，为洁净度的提高创造了条件。20 世纪 90 年代，超大规模集成电路的生产有了新的进展，最细光刻线宽由 20 世纪 80 年代的微米级发展到亚微米级，到 20 世纪末，要求达到 $0.1\sim0.2\mu m$，集成度达到 1kM。集成电路的集成度越高，要求的光刻线宽就越小，则要求控制的尘粒粒径就越小，尘粒数量也越少。如今，要求 $0.1\mu m10$ 级的洁净度已经很普遍，将来要求的洁净度会更高，洁净室的应用领域会更加宽广。

电子产业的飞速发展，将推动我国洁净技术向高水平发展，而医学与药物的快速发展，必将使空气洁净技术的应用更加广泛。我国在制药行业实施 GMP（Good Manufacturing Practice）认证制度以来，给洁净技术产业带来了空前的发展机遇。近年来，三级甲等医院纷纷建造洁净手术部，使术后感染率降低 10 倍以上，从而可以少用或不用抗生素，减轻了抗生素对患者造成的伤害。这也将进一步拓宽洁净技术的应用领域。2003 年 SARS 病毒肆虐，使人们对空气传播病毒的危险性有了深刻的认识。最值得反思的就是医院建筑，不仅要注重建筑外形与使用功能，更应该关注建筑内的空气品质。在 21 世纪，生物工程对人类的直接影响将超过芯片，而其发展离不开空气洁净技术。如生物工程中有相当一部分操作存在潜在危险性，特别是存在可能具有未知毒性的微生物新种传播生物学危险。这就需要提供具有生物安全的建筑微环境，可利用空气洁净技术、生物安全知识来建造生物安全洁净室（实验室）来控制这种具有生物学危险的污染的传播。采用生物学工艺制成的生物活性制剂，即生物药品，其生产过程需保持无菌，并且最终不能灭菌。因此，生产过程应实行微环境无菌控制，有很大一部分还需要实行生物安全，这种控制过程都需要应用空气洁净技术来实现。

4.1.3　空气洁净技术的应用

洁净技术在世界各国的广泛应用已经经历了半个多世纪的发展，从军事工业开始到电子工业，并逐步发展到其他行业，其应用范围越来越广泛，技术要求也越来越高，应用领域已涉及军事、电子、食品、医药、卫生、生物实验等方面。

（1）电子（微电子）工业：电子工业已从过去的电子管发展到半导体分离器件、集成电路乃至超大规模集成电路，因此也大大促进了空气洁净技术的发展，实践证明，集成电路制造工艺中，集成度越高，图形尺寸越细，洁净室控制的空气尘埃微粒粒径尺寸也越小，且空气中含尘量要求越低。集成电路芯片的成品合格率与芯片的缺陷密度有关，而缺陷密度与空气中尘埃粒子个数有关。若假设芯片缺陷密度中有 10％为空气中尘埃粒子沉降到硅片上引起的，则可以推算出每平方米芯片上空气尘埃粒子的最大允许值。因此，集成电路的高速发展，不仅对空气中控制粒子的尺寸有更高的要求，而且对尘埃粒子的数量也有控制要求，即对生产环境的空气洁净度等级有控制要求。除此以外，集成电路生产环境对化学污染控制也有十分严格的要求。

（2）食品工业：食品工业的工艺主要有发酵、酿造、加工、灌封、包装等。在这些过程中，空气的洁净除菌是保证产品质量的关键之一。如灌封、包装过程中，如果包装容器除菌不彻底而带有细菌，那么食品的保质期必然缩短，严重时会影响食用者的身体健康。实践证明，我们不仅要重视对食品内容物和灌包装容器的灭菌，而且不能轻视空气的污染。空气的污染一般来自两个方面：一是从室外进入室内的空气未经净化处理，带有大量微生物；另一方面，在食品加工车间的地面、墙壁、顶棚上，因为沾有糖分、淀粉、蛋白质等粒子，当温度、湿度适宜时，细菌就会在这些表面繁殖，并随着空气流吹散到房间的各个角落。因此食品生产工艺需要无菌操作。食品生产的无菌操作不仅对产品的防腐保质期限有影响，更重要的是空气洁净技术在食品生产中，尤其是在酿造、发酵中对酵母菌的纯种培育、分离、接种、扩种以及防止杂菌体的污染，提高产品质量，保持食品在色、香、味、营养等方面有着重要的作用。

（3）医疗：如前所述，在医院这个特殊环境中，对空气环境进行控制是非常重要的。所谓对空气环境控制包括两方面：一是提高环境的舒适性。舒适的空调环境是治疗与康复的一个重要因素，在某些情况下甚至是主要的治疗方法。大量的医学临床研究证明，病人在适宜的空调环境中，通常比在非控制环境中体质恢复得更快。例如，相对干燥和适宜的空气温度，可防止手术或外伤病人因皮肤出汗而感染伤口。二是通过对空气环境的控制，可以防止病毒、细菌的传播，特别是某些特殊病房尤为重要，如手术室、白血病治疗室、烧伤病房、脏器移植病房等。

（4）生物实验：在遗传工程、病理检验、细胞组织培养、疫苗培养等研究方面，常常需要在无菌无尘的环境中进行操作，一方面要求试件不受其他微生物的污染，以保证实验的精度，另一方面要求所研究的材料如病毒、高危险度病原菌、放射性物质不外溢，防止危害操作者的健康及污染环境。对于这类实验用洁净室，除一般洁净室所必需的设置要求外，还要求具有两级隔离。第一级通常是用生物安全工作柜使工作人员与病原体等危险试件隔离；第二级是将实验区与其他环境区隔离。同时实验室处于负压状态。

（5）实验动物饲养：为了临床试验的需要，某些医院或科研单位往往设置一定规模的实验动物饲养房，饲养某些特定的实验动物，用于对使用于人体的医疗设备、手术方案、药品制剂等的试验，以监测其安全性。在实验动物中，控制微生物是特别重要的，也是借以研究其对人类生命健康影响的手段。如果实验动物感染了致病性微生物、病毒或寄生虫，就可能导致试验全部失败。因此，对于影响实验动物饲养房的环境因素，诸如空气温度、湿度、气流速度、微生物和尘埃颗粒物等，须按照动物种类和设施环境要求予以控制。

4.2　洁净室类型与标准

4.2.1　洁净室分类

1. 按洁净室用途分类

工业洁净室：以无生命的微粒为控制对象。主要控制空气尘埃微粒对故障对象的污染，内部一般保持正压状态。它适用于精密机械工业、电子工业（半导体、集成电路等）、宇航工业、高纯度化学工业、原子能工业、光磁产品工业（光盘、胶片、磁带产生）、LCD（液晶玻璃）生产、计算机硬盘生产、计算机磁头生产等行业。

生物洁净室：主要控制有生命微粒（细菌）与无生命微粒（尘埃）对工作对象的污染。生物洁净室是在工业洁净室的技术基础上发展起来的。生物洁净室对空气中污染物控制的对象是尘粒和微生物，所以它具有与工业洁净室不同的要求和特点。

（1）一般生物洁净室：主要控制微生物（细菌）对象的污染。同时其内部材料要能经受各种灭菌剂侵蚀，内部一般保证正压。实质上其内部材料要能经受各种灭菌处理的工业洁净室。例如：制药工业、医院（手术室、无菌病房）食品、化妆品、饮料产品生产、动物实验室、理化检验室、血站等。

（2）生物安全洁净室：主要控制工作对象的有生命微粒对外界和人的污染。内部要保持与大气的负压。例如：细菌学、生物学、洁净实验室、生物工程（重组基因、疫苗制备）。

工业洁净室与生物洁净室之间存在差异，如表 4-1 所示。

工业洁净室与生物洁净室的区别 表 4-1

比较项目	工业洁净室	生物洁净室
研究对象（主要）	灰尘、粒子只有一次污染	微生物、病菌等活的粒子不断生长繁殖,会诱发二次污染(代谢物、粪便)
控制方法净化措施	主要是采取过滤方法。粗、中、高三级过滤,粗、中、高、超高四级过滤和化学过滤器等	主要是采取:过滤和灭菌等;铲除微生物生长的条件,控制微生物的滋生、繁殖和切断微生物的传播途径
控制目标	控制有害粒径粒子浓度	控制微生物的产生、繁殖和传播,同时控制其代谢物
对生产工艺的危害	关键部位只要一颗灰尘就能造成产品的极大危害	有害的微生物达到一定的浓度以后才能够成危害
对洁净室建筑材料的要求	所有材料(墙、顶、地等)不产尘、不积尘、耐摩擦	所有材料应耐水、耐腐且不能提供微生物滋生繁殖条件
对人和物进入的控制	人进入要换鞋、更衣、吹淋;物进入要清洗、擦拭;人和物要分流,洁污要分流	人进入要换鞋、更衣、淋浴、灭菌;物进入要擦拭;清洗、灭菌;空气送入要过滤、灭菌;人物分流,洁污分流
检测	灰尘粒子可用粒子计数器检测瞬时粒子浓度并显示和打印	微生物检测不能测瞬时值,须经48h培养才能读出菌落数量

2. 按气流流型分类

（1）单向流洁净室，也叫层流洁净室，也分为垂直流动洁净室和水平流动洁净室，其气流是从室内送风一侧平行、直线、平稳地流向相对应的回风侧，它将室内污染源的污染物在未向室内扩散之前就被洁净空气压出房间，送入的清洁空气对污染源起隔离作用。特点：流线单向平行，是指时均流线彼此平行，方向单一，并且干净气流不是一股或几股，而是充满全室断面，所以这种洁净室不是靠洁净气流对室内脏空气的掺混稀释作用，而是靠洁净气流的推出作用将室内污染空气沿整个断面排至室外，达到净化室内空气的目的。

（2）非单向流洁净室，原理是靠洁净送风气流扩散、混合，不断稀释室内空气，把室内污染逐渐排出，达到平衡。简言之，非单向流洁净室的原理就是稀释作用。特点：乱流洁净室是靠多次换气来实现洁净与洁净级别。换气次数决定定义中的净化级别（换气次数越多，净化级别越高）。

（3）混合流洁净室，一般形式为整个洁净室为非单向流洁净室，但需要空气洁净度严格的区域上方采用单向流流型的洁净措施，使该区域得到满足要求的单向流流型洁净区，以防止周围相对较差的空气环境影响局部的高洁净度。特点：将垂直单向流面积压缩到最小，用大面积非单向流代替大面积单向流，以减少初期投资和运行费用。

（4）辐流洁净室，也叫矢流洁净室，送风口与回风口需安装在异侧，对角布置。送风口扩散孔板一般做成 1/4 圆弧形，通过这种送风口送出辐射状的洁净气流向斜下方回风口处流动，把污染物"斜推"向回风口区域，最后排出室内。特点：同样的洁净度要求下，所需送风量很小，节能效果非常显著，并且辐流洁净室能达到 1000 级及其以下的洁净度。净化效果比非单向流洁净室好。

4.2.2 洁净室标准

1. 国外标准

美国联邦标准 FS209E：1961 年，诞生了世界上最早的洁净室标准：美国空军技术条令 203。1963 年年底，颁发了洁净室第一个军用部分的联邦标准：FS209。从此以后，美国联邦标准 FS209 就成为国际上最通行、最著名的洁净室标准。1966 年，颁布了修订后的 209A。1973 年，又颁布了修订的 209B，并于 1976 年再次颁布了 209B 修正案 1。在这一段时间内，许多国家参照美国标准相继制定了洁净室标准。随着对洁净度级别的更高需求，FS209B 已不能满足要求，促使美国修改 FS209B。1987 年 10 月 27 日，颁发了 FS209C。1988 年 6 月 15 日，FS209D 取代了 FS209C。1992 年 3 月 11 日，FS209E 又取代了 FS209D，如表 4-2 所示。1999 年，国际标准化组织颁布了其制定的国际标准《空气洁净度等级划分》ISO 14644-1，如表 4-3 所示。ISO 14644-1 是国际标准，现在美国、欧洲、日本、俄罗斯和我国都采用此标准。

美国联邦标准 209E（FS209E） 表 4-2

级 别		级 别 的 浓 度 上 限								
		0.1μm		0.2μm		0.3μm		0.5μm		5μm	
		单位体积		单位体积		单位体积		单位体积		单位体积	
国际单位制	英制	m^3	ft^3	m^3	ft^3	m^3	ft^3	m^3	ft^3	m^3	ft^3
M1		350	9.91	75.7	2.14	30.9	0.875	10.0	0.283	—	—
M1.5	1	1240	35.0	265	7.5	106	3.00	35.3	1.00	—	—
M2		3500	99.1	757	21.4	309	8.75	100	2.83	—	—
M2.5	10	12400	350	2650	75.0	1060	30.0	353	10.0	—	—
M3		35000	991	7570	214	3090	87.5	1000	28.3	—	—
M3.5	100	—	—	26500	750	10600	300	3530	100	—	—
M4		—	—	75700	2140	30900	875	10000	283	—	—
M4.5	1000	—	—	—	—	—	—	35300	1000	247	7.00

续表

级 别		级 别 的 浓 度 上 限									
		0.1μm		0.2μm		0.3μm		0.5μm		5μm	
		单位体积		单位体积		单位体积		单位体积		单位体积	
国际单位制	英制	m³	ft³	m³	ft³	m³	ft³	m³	ft³	m³	ft³
M5		—	—	—	—	—	—	100000	2830	618	17.5
M5.5	10000	—	—	—	—	—	—	353000	10000	2470	70.0
M6		—	—	—	—	—	—	1000000	28300	6180	175
M6.5	100000	—	—	—	—	—	—	3530000	100000	24700	700
M7		—	—	—	—	—	—	10000000	283000	61800	1750

洁净室及洁净空气中悬浮粒子的洁净度等级（ISO 14644-1）　　　　表 4-3

空气洁净度等级(N)	≥表中粒径的最大浓度限值(个/m³)					
	0.1μm	0.2μm	0.3μm	0.5μm	1μm	5μm
1	10	2	—	—	—	—
2	100	24	10	4	—	—
3	1000	237	102	35	8	—
4	10000	2370	1020	352	83	—
5	100000	23700	10200	3520	832	29
6	1000000	237000	102000	35200	8320	293
7	—	—	—	352000	83200	2930
8	—	—	—	3520000	832000	29300
9	—	—	—	35200000	8320000	293000

2. 国内标准

我国洁净室标准包括国家标准《洁净厂房设计规范》《电子工业洁净厂房设计规范》《药品生产质量管理规范》《洁净厂房施工及验收规范》《医药工业洁净厂房设计规范》《兽药生产质量管理规范》《实验动物环境与设施》《医院洁净手术部建筑技术规范》等。

在《洁净厂房设计规定》中，洁净室（区）内空气洁净度等级等同采用国际标准 ISO 14644-1 中的有关规定。在《药品生产质量管理规范》（GMP）（1988 年颁布，1998 年、2010 年修订）中，无菌药品生产所需的洁净区可分为以下 4 个级别：A 级：高风险操作区，如灌装区、放置胶塞桶和与无菌制剂直接接触的敞口包装容器的区域及无菌装配或连接操作的区域，应当用单向流操作台（罩）维持该区的环境状态。单向流系统在其工作区域必须均匀送风，风速为 0.36～0.54m/s（指导值）。应当有数据证明单向流的状态并经过验证。在密闭的隔离操作器或手套箱内，可使用较低的风速。B 级：指无菌配制和灌装等高风险操作 A 级洁净区所处的背景区域。C 级和 D 级：指无菌药品生产过程中重要程度较低操作步骤的洁净区。2006 年 1 月 1 日起实施《兽药生产质量管理规范》。《实验动物环境与设施》于 1994 年 10 月实施，该标准规定了实验动物环境及设施的技术要求、建筑设施、设施分类学的要求及检测方法，适用于实验动物的饲养、实验、生产的环境设施。《洁净厂房施工及验收规范》GB 50591 对统一洁净室的施工要求、统一检测方法、提高洁净室的建造质量等方面起了十分重要的作用。《医药工业洁净厂房设计规范》GB 50457，参照世界卫生组织《药品生产质量管理规范》，是我国医药工业洁净厂房设计的基本要求，各单位在新建、改建和扩建的工程设计中遵照执行。

4.3　空气洁净设备

4.3.1　空气过滤器

空气过滤器是通过多孔过滤材料的作用从气固两相流中捕集粉尘，并使气体得以净化的设备。它把含尘量低的空气净化处理后送入室内，以保证洁净房间的工艺要求和一般空调房间内的空气洁净度。空气过滤器性能指标包括：

（1）过滤效率是空气过滤器最重要的指标，它是指在额定的风量下，过滤器前后空气含尘浓度之差与过滤器前空气含尘浓度之比的百分数。过滤效率是衡量空气过滤器捕集尘粒能力的参数，也可以用穿透率来评价过滤器的好坏，穿透率是指过滤后空气的含尘浓度与过滤前空气的含尘浓度之比的百分数，穿透率可以明确表示过滤器前后的空气含尘量，用它来评价比较高效过滤器的性能较直观。

（2）过滤器面速是指滤器的断面上所通过的气流速度；滤速是指过滤器通过滤料的气流速度，滤速反映滤料的通过能力（过滤性能），一般高效和超高效过滤器的滤速为 2～3cm/s，亚高效过滤器的滤速为 5～7cm/s。

（3）过滤器阻力包括滤料的阻力和过滤器结构的阻力。纤维过滤的滤料阻力是由气流通过纤维层时迎面阻力造成的，该阻力的大小与在纤维层中流动的气流状态是层流或紊流有关，一般因为纤维极细，滤速很小，此时纤维层内的气流属于层流。结构阻力是气流通过有过滤器的滤材和支撑材料构成的通路时，是以面风速为代表的，气流特性已不是层流。一般当积尘量达到某一数值时，阻力增加较快，这时应更换或清洗过滤器，以确保净化空调系统的经济运行。

（4）过滤器的容尘量是指过滤器的最大允许积尘量，它是过滤器在特定试验条件下容纳特定试验粉尘的重量。过滤器的容尘量指在一定风量作用下，因积尘而阻力达到规定值（一般为初阻力的 2 倍）时的积尘量。

按照国家标准《空气过滤器》，空气过滤器分成四类：粗效过滤器、中效过滤器、高中效过滤器、亚高效过滤器。按照国家标准《高效空气过滤器》，高效过滤器分成四种：高效 A 过滤器、高效 B 过滤器、高效 C 过滤器、高效 D 过滤器，如表 4-4 所示。按使用目的分类，包括新风处理用过滤器、室内送风用过滤器、排气用过滤器、洁净室内设备用过滤器、制造设备内装过滤器、高压配管用空气过滤器。按过滤器材料分类，包括滤纸过滤器、纤维层过滤器、泡沫材料过滤器、化学过滤器。

一般情况下，最末级的空气过滤器决定送风的洁净程度，前端各级空气过滤器对最末级的空气过滤器起保护作用，延长最末级空气过滤器的使用寿命，确保其正常工作。在选择空气过滤器时，必须全面考虑，根据具体情况合理地选择合适的空气过滤器，其选择原则如下：

空气过滤器分分类 表 4-4

	额定风量下的效率	额定风量下初阻力(Pa)	通常提法	备 注
粗效 中效 高中效 亚高效	粒径≥5μm,80%>η≥20% 粒径≥1μm,70%>η≥20% 粒径≥1μm,99%>η≥20% 粒径≥0.5μm,99.9%>η≥95%	≤50 ≤80 ≤100 ≤120	效率为大气尘计数效率	效率为大气尘计数效率
高效 A 高效 B 高效 C 高效 D	η≥99.9% η≥99.99% η≥99.999% 粒径≥0.1μm,≥99.999%	≤190 ≤220 ≤250 ≤250	高效过滤器 高效过滤器 高效过滤器 超高效过滤器	A,B,C 3 类效率为钠焰法效率;D类效率为计数效率;C,D 类出厂要检漏

注：高效过滤器 D 类，其效率以过滤 0.12μm 为准。

（1）根据室内要求的洁净净化标准，确定最末级空气过滤器的效率，合理选择空气过滤器的组合级数和各级的效率。如室内要求一般净化，可以采用粗效过滤器；如室内要求中等净化，就应采用粗效和中效两级过滤器；如室内要求超净净化，就应采用粗效、中效和高效三级净化过滤，并应合理妥善地匹配各级过滤器的效率，若相邻两级过滤器的效率相差太大，则前一级过滤器就起不到对后一级过滤器的保护作用。

（2）正确测定室外空气的含尘量和尘粒特征。因为过滤器是将室外空气过滤净化后送入室内的，所以室外空气的含尘量是一个很重要的数据。特别是在多级净化过滤处理，选择预过滤器时要将使用环境、备件费用、运行能耗、维护与供货等因素综合考虑后决定。

（3）正确确定过滤器特征。过滤器的特征主要是过滤效率、阻力、穿透率、容尘量、过滤风速及处理风量等。在条件容许的情况下，应尽可能选用高效、低阻、容尘量大、过滤风速适中、处理风量大、制造安装方便、价格低的过滤器。这是在空气过滤器选择时综合考虑一次性投资和二次性投资及能效比的经济性分析需要。

（4）分析含尘气体的性质。与选用空气过滤器有关的含尘气体的性质主要是温度、湿度、含酸碱及有机溶剂的数量。因为有的过滤器允许在高温下使用，而有的过滤器只能在常温、常湿度下工作，并且含尘气体的含酸碱及有机溶剂数量对空气过滤器的性能都有影响。

4.3.2 其他洁净设备

1. 过滤器送风口

过滤器送风口是由高效过滤器和送风口组合在一起构成的过滤部件，它由过滤器、箱体和扩散孔板组成，进风口可放在箱体的顶部或侧面，具有结构紧凑、使用方便等特点。

2. 风机过滤单元

风机过滤单元是由过滤器送风口与风机连接在一起形成的过滤单元，其主要有管道型和循环型。管道型仅需设末端高效过滤器；循环型需要设置预过滤器。

3. 洁净工作台

洁净工作台是设置在洁净室内或室外，可根据使用环境要求在操作台上保持高洁净度的局部净化设备。按气流组织分为非单向流式和单向流式；按排风方式可分为全循环式、直流式、前部排风式、全面排风式；按工艺要求分为专用工作台和通用工作台；按结构分为整体式和脱开式。

4. 自净器

自净器指由风机、粗效、中效和高效（亚高效）过滤器及送风口、回风口组成的一种空气净化设备。包括高效型空气自净器和静电空气自净器两类。自净器用于对操作点进行局部临时净化，或者设置在洁净室易出现涡流区的部位以减少尘菌滞留，或者作为洁净环境的简易循环机组。

5. 洁净层流罩

洁净层流罩是垂直单向流的局部洁净送风装置，局部区域空气洁净度可达 100 级以上。包括风机层流罩和无风机层流罩两类。前者主要由预过滤器、风机、高效过滤器和箱体组成；后者由高效过滤器和箱体组成，进风来自空调系统。

6. 净化单元

净化单元是一种可形成水平送风的净化机组，主要由预过滤器、风机、高效过滤器及上下箱体组成，新风和回风经预过滤器吸入负压箱，通过风机作用，经高效过滤器净化后送出，送风洁净度可达 100 级（5 级）。类型包括：水平送风屏、围壁及顶棚构成装配式洁净室。

7. 空气吹淋室

空气吹淋室是进行人身净化和防止污染空气进入洁净区的装置。原理是利用高速（≥25m/s）的洁净气流清除已进入洁净区的人身服装或物料表面的尘粒。吹淋室的两扇门不同时开启，可以兼作洁净室的气闸，防止外部空气进入洁净区。

8. 传递窗

传递窗是洁净室内外与洁净室之间传递物件的开口装置，它可以暂时隔断洁净室内外气流，防止污染物发生传播。类型包括：机械式、气闸式、灭菌式、封闭可取式。

9. 余压阀

余压阀是一个单向开启的风量调节装置，为了维持一定的室内静压而设置的，余压阀按静压差调整开启度，用重锤的位置来平衡风压。

4.4　空气洁净原理

洁净室气流组织是指在房间内合理地布置送风口和回风口，使得经过净化和热湿处理的空气由送风口送入室内后，在扩散与混合的过程中，均匀地消除室内余热和余湿，从而使工作区形成比较均匀而稳定的温度、湿度、气流速度和洁净度，以满足生产工艺和人体舒适的要求。同时由回风口抽走空调区内空气，将大部分回风返回到空气处理机组（AHU），少部分排至室外。

洁净室气流组织原则：要求送入洁净房间的洁净气流扩散速度快、气流分布均匀，以尽快稀释室内含有污染源所散发的污染物质的空气，维持生产环境所要求的洁净度；使散发到洁净室的污染物质能迅速排出室外，尽量避免或减少气流涡流和死角，缩短污染物质在室内的滞留时间，降低污染物质与产品的接触几率；满足洁净室内温度、湿度等空调送风要求和人的舒适要求。

洁净室按气流组织类型包括：单向流洁净室、非单向流洁净室（乱流洁净室）、辐（矢）流洁净室、混合流（局部单向流）洁净室。

4.4.1 单向流洁净室

单向流（层流）洁净室如图 4-1 所示。单向流气流的净化原理是活塞和挤压原理，把灰尘从一端向另一端挤压出去，用洁净气流置换污染气流，包括垂直单向流和水平单向流。垂直单向流是气流以一定的速度（0.25～0.5m/s）从顶棚流向地坪的气流流型。这种气流能创造 100 级、10 级、1 级或更高洁净级别。但其初投资很高、运行费很高，工程中尽量将其面积压缩到最小，用到必须用的部位。水平单向流是气流以一定的速度（0.3～0.5m/s）从一面墙流向对面墙的气流流型。该气流可创造 100 级的净化级别，其初投资和运行费低于垂直单向流流型。

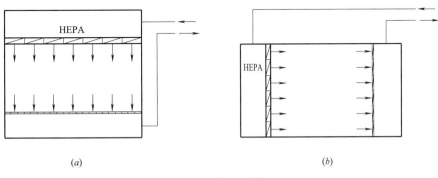

图 4-1　单向流洁净室
（a）垂直单向流；（b）水平单向流

垂直单向流洁净室包括垂直单向流满布过滤器＋格栅回风、垂直单向流满布孔板＋格栅回风、垂直单向流满布阻尼层＋格栅回风、垂直单向流两侧下回风＋过滤器送风、垂直单向流两侧下回风＋孔板送风、垂直单向流两侧下回风＋阻尼层送风、垂直单向流＋周边压出式回风＋满布过滤器送风、无气幕局部垂直单向流、有围挡壁的局部垂直单向流。水平单向流洁净室包括水平单向流直回式、水平单向流隧道式、全侧墙回风式/全地面回风式/侧墙和地板组合回风式、水平单向流一侧回式、水平单向流双侧回式、水平单向流上回风式、水平单向流对送式。

单向流洁净室的性能特性指标包括：流线平行度，即流线平行的作用是保证尘源散发的尘粒不作垂直于流向的传播，如果流线是渐变流的曲线，那么其和工作区下限平面的交点以及和下限平面之上 1.05m 处的平面的交点之间的连线，与水平方向的倾角应大于65°；乱流度（速度不均匀度），即速度场的集中或离散程度，速度场均匀对于单向流洁净室是极其重要的，不均匀的速度场会增加速度的脉动性，促进流线间质点的掺混；下限风速，即保证洁净室能控制各种污染的最小风速，下限风速是指保证洁净室能控制以下四种污染的最小风速：当污染气流多方位散布时，送风气流要能有效控制污染的范围。不仅要控制上升高度，还要控制横向扩散距离；当污染气流与送风气流同向时，送风气流能有效地控制污染气流到达下游的扩散范围；当污染气流与送风气流逆向时，送风气流应能将污染气流抑制在必要的距离之内；在全室被污染的情况下，要能以合适的时间迅速使室内空气自净。

4.4.2　非单向流洁净室

非单向流的净化原理是靠送风气流不断稀释室内空气，把室内污染逐渐排出，达到平衡，即稀释原理。具体来讲，就是利用干净气流的混合稀释作用，把室内含尘浓度很高的空气稀释，使室内污染源所产生的污染物质均匀扩散并及时排出室外，降低室内空气的含尘浓度，使室内的洁净度达到要求。非单向流洁净室的气流流型又可分为顶送下回、顶送下侧回、顶送顶回等，如图 4-2 所示。

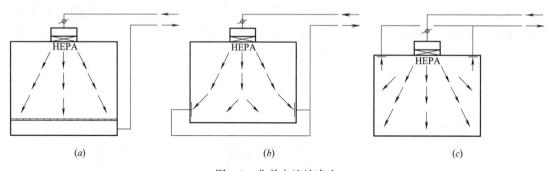

图 4-2　非单向流洁净室
（a）顶送下回；（b）顶送下侧回；（c）顶送顶回

一般形式为高效过滤器送风口顶部送风；回风的形式有下部回风、侧下部回风和顶部回风等。依不同送风换气次数，实现不同的净化级别，其初投资和运行费用也不同。非单向流洁净室的特性指标包括：换气次数，与舒适性空调相同；气流组织，即保证能均匀地送风和回风，充分发挥洁净气流的稀释作用，要求单个风口有足够的扩散作用，整个洁净室内风口布置均匀，数量尽可能多，要尽量减少涡流和气流回旋；自净时间，室内从某污染状态降低到某洁净状态所需要的时间，自净时间越短越好。非单向流洁净室自净时间一般不超过 30min。

此外，单向流和非单向流洁净室在风量、冷量、初投资和运行费方面存在区别，如表 4-5 所示。

单向流与非单向流洁净室之间的对比　　　　　　　　　　　　　表 4-5

气流流型	洁净级别（级）		送风量	耗冷指标（W/m²）	投资指标（元/m²）	耗电指标（W/m²）
单向流	垂直	10 100	>0.25m/s	1300～1500	10000～13000	1.25～1.35
	水平	100	>0.3m/s	800～1000	5000～6000	0.9～1.0
非单向流	1000		50～60h⁻¹	600～700	2800～3000	0.25～0.33
	10000		25～30h⁻¹	500～600	2000～2200	0.22～0.26
	100000		15～20h⁻¹	350～400	1400～1600	0.13～0.16

注：表中的送风量、单向流以断面风速表示，非单向流以换气次数表示；表中冷量指标一般指电子工业洁净厂房；表中的初投资包括洁净厂房的围护、冷水供应系统、空调净化系统，不含土建结构和自动控制的投资；表中的耗电量系指制冷系统和空调送风系统耗电，不含电加热和电加湿的耗电量。

4.4.3　辐（矢）流洁净室

辐流洁净室的气流是以放射型的流线流出，流线之间没有竖向交叉，可用相对少量的送风获得较高级别的洁净度。辐流洁净室应属于非单向流，但又有比较接近于单向流的效果，而又远比单向流在构造上简单。例如，选上侧圆弧形高效过滤器风口送风，对侧下回风口回风的气流流型，如图4-3所示。

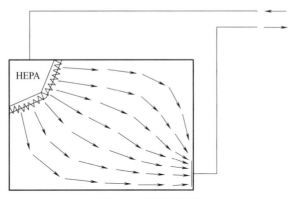

图4-3　辐流洁净室

辐流洁净室空态时流线不交叉，流线间横向扩散比较弱，在下风向上角有非常弱的反向气流，污染在室内的滞留时间短于非单向流洁净室的自净时间；静态时，在障碍物的下风侧或两侧出现涡流区，因此在辐流洁净室中应尽可能避免在流线方向上的障碍。辐流洁净室的气流分布不如单向流洁净室的气流分布均匀，风口和过滤器均比常规风口和过滤器复杂一些，并且在非空态时容易产生涡流区。辐流洁净室多用在医药、医疗和电子等行业的小洁净室中，在某些特殊的实验室中也得到广泛的应用。

4.4.4　混合流洁净室

混合流洁净室的气流是将垂直单向流和非单向流两种气流组合在一起构成的气流流型，如图4-4所示。这种气流的特点是将垂直单向流面积压缩到最小，用大面积非单向流替代大面积单向流，以节省初投资和运行费用。

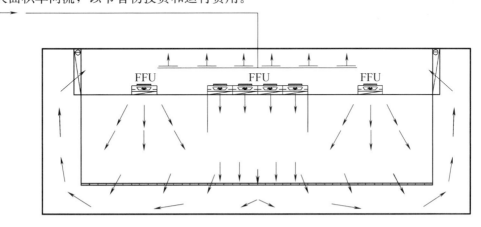

图4-4　混合流洁净室

4.4.5　洁净室压差控制

洁净室压差控制的目的在于保证洁净室在正常工作或空气平衡暂时受到破坏时，气流能从空气洁净度高的区域流向空气洁净度低的区域，使洁净室的洁净度不会受到污染空气的干扰，因此洁净室必须保持一定的压差。影响洁净室压差的波动因素通常包括室外风压、风速的变化；HVAC 系统阻力的变化；风管的泄漏及洁净室围护结构气密性变化等。

洁净室压差值的选择应适当，选择过小，洁净室压差易被破坏，洁净度受到干扰；选择过大，HVAC 系统新风量增大，负荷增加，过滤器寿命缩短。因此，洁净室压差值大小应合理确定（对一般洁净室为正压，生物学安全洁净室为负压）。洁净室压差是由送入新风量的大小来保持的，即：压差建立的基本原理是送风量大于回风量、排风量、漏风量之和，其中漏风量大小取决于建筑物围护结构的密封程度，如门缝、窗缝、壁板拼缝、各种管线接口等，这些将影响到漏风量的大小，使室内压差很难维持或不稳定。无论是全新风空气系统，还是循环空气系统，通过洁净室的送入风量与排风量和压差风量（余风量）之间达到平衡便建立了压差。

洁净室压差控制方法基于压差建立的原理，对其影响因素进行有效控制或调节，以便保持洁净室压差的稳定。洁净室压差控制方法分为人为干预调节和自动化控制。

1. 人为干预调节洁净室压差方法

（1）定期检查并维护洁净厂房围护结构气密性，尽量减少漏风量；定期清洗或更换过滤器，保证系统正常阻力。

（2）回风口控制：是简单而又行之有效的方法，通过调节回风口上的百叶格栅或空气阻尼层改变其阻力来调整回风量，达到压差控制的目的。因百叶的调量不大，还会改变气流方向，所以这种方法只能是粗调。

（3）余压阀控制：在洁净室内有足够剩余风量时，可调节余压阀上的平衡压块，改变其开度，实现压差控制。

（4）调节回风阀或排风阀。

（5）调节新风阀或送风阀。

2. 自动化控制洁净室压差方法

（1）传感器控制：通过相应传感器检测室内压差或送、排风管路压力或风流量，然后调整送风量或排风量，可以通过管路上的电动阀门或风机的转速（变频器控制风机）来实现，这是一种较精确的自动控制，目前较多采用。

（2）电脑控制系统：包括直接数字控制系统和集散型控制系统，它们以微处理器为基础，实现了自动化监控，可以在满足系统安全运行及各项指标的同时，更好地保证工艺要求，最大限度地实现节能控制。微机控制系统是将系统中的传感器或变送器的输出信号直接输入到电脑中，由电脑处理后直接驱动执行器（电动密闭阀等）动作，实现洁净室压差、温湿度、洁净度等指标的检测、控制及管理。

【课外自学】

自学洁净室相关国内外标准。

【知识拓展】

1. 如何根据洁净室使用要求选择合理的空气洁净设备？

2. 从保障洁净室效果角度考虑，如何科学管理维护洁净室？

【研究专题】

通过文献调研查阅近年来空气洁净设备发展现状、特点和趋势，写一篇不少于 3000字的调研报告。

本章参考文献

[1] 许钟麟. 空气洁净技术原理（第4版）[M]. 北京：科学出版社，2014.

[2] 冯树根. 空气洁净技术与工程应用（第2版）[M]. 北京：机械工业出版社，2013.

[3] 王海桥，李锐. 空气洁净技术（第2版）[M]. 北京：机械工业出版社，2017.

[4] 石富金，李莎. 空气洁净技术 [M]. 北京：中国电力出版社，2015.

[5] 马建中，荣秋华，刘冬华. 洁净手术部护理工作手册 [M]. 北京：军事医学出版社，2010.

[6] 涂光备. 洁净室及相关受控环境——理论与实践 [M]. 北京：中国建筑工业出版社，2014.

第 5 章 室内空气环境品质评价方法及标准

【知识要点】

1. 室内空气环境评价的要素。

2. 室内空气品质的相关标准。

3. 室内空气品质的基本评价方法和原理。

【预备知识】

1. 热舒适的基本理论。

2. 不同污染物浓度对人体健康的影响程度。

【兴趣实践】

采用温湿度测量仪和二氧化碳测量仪，连续记录一个教室或办公室的室内空气环境。选择合适的时间段进行问卷调查，分析温湿度、室内二氧化碳浓度与人的舒适程度、工作效率之间有哪些关联？原因是什么？

【探索思考】

1. 一般情况下室内二氧化碳对人体无毒，为何经常用二氧化碳浓度来评价室内空气质量？

2. 不同类型建筑室内空气品质的评价要求是否应该一致，为什么？

3. 什么样的建筑是绿色建筑、健康建筑？绿色、健康建筑的室内空气品质应该达到什么样的水平？

4. 针对住宅、办公室、商场、医院、养老院的室内空气品质问题，如何选择合理的评价方法？

5.1 室内空气环境评价指标

新风气流在室内扩散传递过程中，一方面需要为室内人员的呼吸代谢提供必需的新鲜空气；另一方面，需要在有污染源耦合影响的前提下，通过传递作用下的质量迁移来及时排除室内污染物，有效控制室内人员的污染暴露水平，从而达到改善 IAQ 的目的。如何反映新风气流的这些特性？空气龄、换气效率、送风可及性、新风效应第一因子、新风效应第二因子、通风效率、相对通风效率、净化流量、送排风贡献率、污染物浓度、污染物驻留时间、污染物可及性、污染物累积指数、污染物扩散指数、净化效率等是描述新风气流特性的重要指标和方法。

5.1.1 送风有效性相关评价指标

1. 空气龄

空气龄的概念最早于 20 世纪 80 年代由 Sandberg 提出。根据定义，空气龄是指空气进入房间后的滞留的时间，如图 5-1 所示。在房间内污染源分布均匀且送风为全新风时，某点的空气龄越小，说明该点的空气越新鲜，空气质量就越好。它还反映了房间排除污染物的能力，平均空气龄小的房间，去除污染物的能力就强。由于空气龄的物理意义明显，因此作为衡量空调房间新鲜程度与换气能力的重要指标而得到广泛的应用。

从统计角度来看，房间中某一点的空气由不同的空气微团组成，这些微团的年龄各不相同，因此该点所有微团的空气龄存在一个概率分布函数和累计分布函数：

$$\int_0^\infty f(\tau)\mathrm{d}\tau = 1 \qquad (5-1)$$

累计分布函数与概率分布函数之间的关系为：

$$\int_0^\tau f(\tau)\mathrm{d}\tau = F(\tau) \qquad (5-2)$$

某一点的空气龄是指该点所有微团的空气龄的平均值：

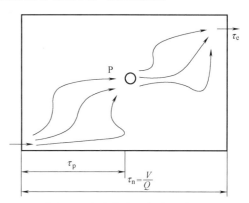

图 5-1 室内某点空气龄示意图

$$\tau_p = \int_0^\infty \tau f(\tau)\mathrm{d}\tau = \int_0^\infty [1-F(\tau)]\mathrm{d}\tau \qquad (5-3)$$

所谓空气龄的概率分布 $f(\tau)$，是指年龄为 τ 的空气微团在某点空气中所占的比例。累计分布函数 $F(\tau)$ 是指年龄比短的空气微团所占的比例。

针对二维简化空间，空间的几何尺寸为 6.4m×3.2m，人员污染源（P-source）和建筑污染源（建材）（B-source）的几何尺寸为 0.4m，送风口（Inlet）和排风口（Outlet）的尺寸为 0.4m。根据送排风口的位置分布关系，存在以下 4 种气流组织形式：上送上排（ULUR）、上送下排（ULLR）、下送下排（LLLR）和下送上排（LLUR）。在分析过程中，不考虑热源（热边界）的影响，室内空气温度为恒定值 25℃。图 5-2～图 5-4 分别给出了四种气流组织形式下的空气龄、人员污染物浓度、建筑污染物浓度分布。

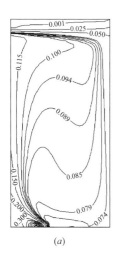
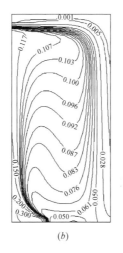
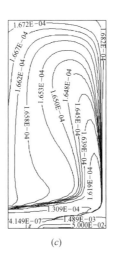
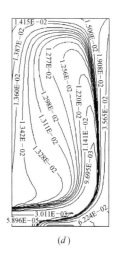

(a)　　　　　　　(b)　　　　　　　(c)　　　　　　　(d)

图 5-2 人员污染物分布（mg/m³）
(a) ULUR；(b) ULLR；(c) LLLR；(d) LLUR

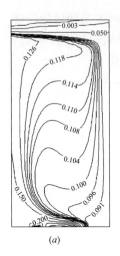 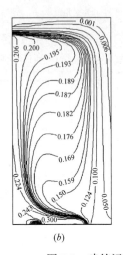 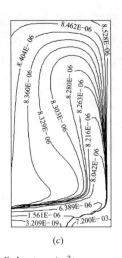 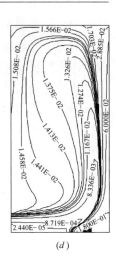

(a)　　　　　　　(b)　　　　　　　(c)　　　　　　　(d)

图 5-3　建筑污染物分布（mg/m³）

(a) ULUR；(b) ULLR；(c) LLLR；(d) LLUR

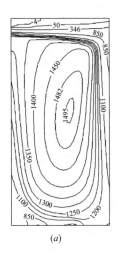 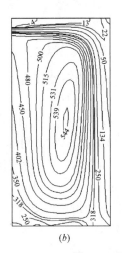 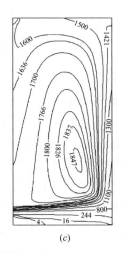 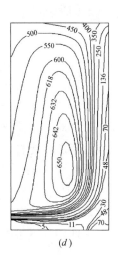

(a)　　　　　　　(b)　　　　　　　(c)　　　　　　　(d)

图 5-4　空气龄分布（s）

(a) ULUR；(b) ULLR；(c) LLLR；(d) LLUR

可以看到，对于 ULUR 和 ULLR，污染物最高浓度出现在左下侧区域，而最低浓度出现在顶部区域；但对于 LLLR 和 LLUR，最大值出现在右下侧区域，而最小值出现在左下侧区域。由于污染物被有效或及时排除，ULLR 的浓度水平要明显低于 ULUR 的结果，而 LLLR 的浓度水平在 4 种气流组织方式中最低。此外，在 ULUR 和 ULLR 中存在垂直浓度分层，而在 LLLR 和 LLUR 中存在水平浓度分层。

可以发现，由于新风不能直接传递到回流区，因此在该区域的空气龄要比其他区域高；然而，污染物浓度在回流区却较低。同时，在四种气流组织形式中，对于出现污染物最高浓度的区域，空气龄却不是最高的。因此，具有高空气龄的区域也可以是低污染物浓度区，反之亦然。

另一方面，传统上空气概念仅仅考虑房间内部，即房间进风口处的空气龄被认为是 0，即 100% 的新鲜空气。为综合考虑包含回风、混风和管道内流动过程的整个通风系的效果，清华大学提出了全程空气龄的概念，即指自空气微团进入通风系统起经历的时间；将房间入口处空气龄取为 0，而得到的空气龄称为房间空气龄。较之房间空气龄，全程空气龄可看成绝对参数，不同房间的全程空气龄可进行比较。

与空气龄类似的时间概念还有空气从当前位置到离开出口的残留时间、反映空气离开房间时的驻留时间等，如图 5-5 所示。

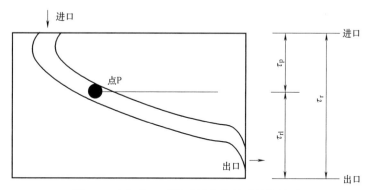

图 5-5 空气龄、残留时间和驻留时间的关系

对某一位置的空气微团，其空气龄、残留时间和驻留时间的关系为：

$$\tau_{p}+\tau_{rl}=\tau_{r} \tag{5-4}$$

式中　τ_{p}——空气微团的空气龄；

　　　τ_{rl}——空气微团的残留时间；

　　　τ_{r}——空气微团的驻留时间。

2. 换气效率

对于理想"活塞流"的通风条件，房间的换气效率最高。此时，房间的平均空气龄最小，它和出口处的空气龄、房间的名义时间常数存在以下关系：

$$\tau_{p}=\frac{1}{2}\tau_{e}=\frac{1}{2}\tau_{n} \tag{5-5}$$

因此，可以定义新鲜空气置换原有空气的快慢与活塞通风下置换快慢的比值为换气效率：

$$\eta_{a}=\frac{\tau_{n}}{2\overline{\tau_{p}}}\times100\% \tag{5-6}$$

式中　$\overline{\tau_{p}}$——房间空气龄的平均值。

根据换气效率的定义式可知，$\eta_{a}\leqslant100\%$。换气效率越大，说明房间的通风效果越好。典型通风形式的换气效率如下：活塞流，$\eta_{a}=100\%$；全面孔板送风，$\eta_{a}\approx100\%$；单风口下送上回，$\eta_{a}=50\%\sim100\%$。

3. 送风可及性

传统的气流组织评价指标，如空气龄和换气效率，均反映的是稳态情况。当需要反映送风在任意时刻到达室内各点的能力，考虑有限时间内送风的有效性时，可借助送风可及性来量化。

在流场不变的条件下，假设某一送风口的空气含有浓度为 $C_{s,i}$ 的指示剂气体，房间内部无源，则该送风口在历时 T 后对空间位置 i 的可及性为：

$$A_{s,i}(T) = \frac{\int_0^T C_i(\tau)\mathrm{d}\tau}{C_{s,i} \cdot T} \tag{5-7}$$

式中　$A_{s,i}(T)$——送风可及性；

$\qquad$ C_i——空间位置 i 的指示剂气体浓度；

$\qquad$ τ——时间。

$A_{s,i}(T)$ 是一个与时间和空间有关的无量纲数。由于室内没有指示剂的源，因此送风指示剂浓度就唯一决定了室内的指示剂浓度分布。随着时间的增加，室内指示剂浓度增加，并且其最大值不会超过送风的指示剂浓度 $C_{s,i}$。

送风可及性的物理意义：可及性是流场自身的特性，与送风有无指示剂无关；可及性反映了在经历了一定时间后，各风口送风到达空间各点的相对程度；单一风口经过足够长时间后，空间各点的可及性均为 1；多个风口经过足够长时间后，在空间各点的可及性之和为 1。

4. 新风效应第一因子

新风效应发生过程中的质量迁移（新风第一效应）即是在伴随混合、稀释、置换现象下新风气流与污染物组分在室内的质量传递过程（即物理过程）。根据室内新风效应发生过程中的质量迁移机制，完整的新风第一效应描述应当包括对入室新风气流的流动特性、新风到达室内任意点的有效量、新风气流稀释运移污染物的能力和污染源强度与分布的影响特性的描述，即涵盖入室新风气流、污染源的各自特性及其相互作用关系。

入室新风气流信息包括新风量、入室新风品质和室内空气流动方式，而污染源信息涉及源散发强度和分布情况。其中，前三者决定了新风组分的室内传递量和传递时间，再联合后二者共同决定了污染物组分的室内传递量和传递时间。因此，从物理过程方面进行完整的新风效应描述所涉及的 4 个方面可以归结为组分的传递量和传递时间；尽管就室内任意空气微元体的品质而言，"时间是标尺，组分构成是原因"。实际上，组分传递的快慢可以影响室内人员在一定时间段内获得的有效新风量和受到的污染物暴露量。

另一方面，室内任意点的空气龄是新风从送风口传递到该点的时间，获得该点在其空气龄时间段内的新风累积量可以同时反映室内新风组分传递量和传递时间信息。假设入室新风为一种标志性气体（标记为 C_{OA}），且室内不存在该标志性气体的发生源，则在空气龄时间段内空气微元体中标志性气体累积量为：

$$G_{OA}(x,y,z,t) = \int_{t-\tau_A}^t C_{OA}(x,y,z,\tau)g(x,y,z,\tau)\mathrm{d}\tau \tag{5-8}$$

式中　$C_{OA}(x, y, z, \tau)$——τ 时刻流经微元空气体（$\mathrm{d}x\mathrm{d}y\mathrm{d}z$）的风量中的新风比重；

$\qquad$ $g(x, y, z, \tau)$——τ 时刻流经微元空气体（$\mathrm{d}x\mathrm{d}y\mathrm{d}z$）的风量，$\mathrm{m}^3/\mathrm{s}$；

$\qquad$ τ_A——标志性气体从送风口传递到空气微元体的时间，即空气龄，s；

$\qquad$ t——通风时间，s。

对于污染物组分传递到空气微元体的时间，从理论上讲可以采用类似于空气龄的方法进行确定；但由于送风等边界条件的污染物年龄不确定，使得室内污染物年龄方程无法求解。因此，为了避免这一问题，将通过在空气龄时间段内污染物的累积特性来间接反映污染物组分的传递量和传递时间，即：

$$G_C(x,y,z,t) = \int_{t-\tau_A}^{t} [C_P(x,y,z,\tau) + C_B(x,y,z,\tau)] g(x,y,z,\tau) d\tau \quad (5-9)$$

式中　C_P——人员污染物的浓度，mg/m^3；

　　　C_B——建筑污染物（建材、饰材散发）的浓度，mg/m^3。

由于室内任意空气微元体的组分构成决定了其品质是否良好，再结合新风第一效应的含义可以作如下理解：空气微元体在空气龄时间段内的新风组分累积量越大且污染物累积量越小，即二者比值越高，则该微元体中空气的品质（或新鲜度）越好，新风第一效应也就越显著。同时，上述两者的累积量既决定于新风第一效应所涉及的 4 个方面，又共同对其做出完整反映，即反映了组分传递到空气微元体的传递量及其时间特性。因此，新风组分累积量与污染物累积量的比值可以用于衡量空气的新鲜度，并为评价新风第一效应提供了客观尺度。针对这一特点，由根据式（5-8）和式（5-9）可以得到室内空间任意点的局部空气新鲜度（LAF，Local Air Freshness），且为便于应用引入对数来减小结果的数值变化幅度，即：

$$LAF(x,y,z,t) = \lg \frac{\alpha \int_{t-\tau_A}^{t} C_{OA}(x,y,z,\tau) g(x,y,z,\tau) d\tau}{\int_{t-\tau_A}^{t} [C_P(x,y,z,\tau) + C_B(x,y,z,\tau)] g(x,y,z,\tau) d\tau} \quad (5-10)$$

式中　α——非组分构成因素增加的空气新鲜感修正系数，包括空气焓值水平和空气流动特性（如自然风）的影响。

由于 LAF 反映的是绝对结果，即在新风第一效应不显著的前提下也可以通过增大新风量或污染物排除量来使 LAF 达到很高的水平。因此，完整的新风第一效应评价还需要有合理的参照量，即得到相对结果。根据 LAF 的制约因素，可以分别选择送风口处的新风有效量、排风口处的污染物排除量和名义时间常数作为组分传递量和传递时间的合理参照量，并结合由式（5-10）得到新风效应第一因子（$FFOAE$，First Factor of Outdoor Air Effect）为：

$$FFOAE(x,y,z,t) = \log\left\{\alpha \left[\frac{\int_{t-\tau_A}^{t} C_{OA}(x,y,z,\tau) g(x,y,z,\tau) d\tau}{\int_{t-\tau_A}^{t} G(\tau) C_{OA,s}(\tau) d\tau}\right] \left[\frac{\tau_n}{\tau_A}\right]\right.$$

$$\left.\left[\frac{\int_{t-\tau_A}^{t} G(\tau) [C_{P,e}(\tau) + C_{B,e}(\tau)] d\tau}{\int_{t-\tau_A}^{t} [C_P(x,y,z,\tau) + C_B(x,y,z,\tau)] g(x,y,z,\tau) d\tau}\right]\right\}$$

$$= \log[\alpha E_{OA}(x,y,z,t) E_{\tau_A}(x,y,z,t) E_{P,B}(x,y,z,t)] \quad (5-11)$$

$$\left.\begin{aligned}
E_{\mathrm{OA}}(x,y,z,t) &= \frac{\displaystyle\int_{t-\tau_{\mathrm{A}}}^{t} C_{\mathrm{OA}}(x,y,z,\tau)g(x,y,z,\tau)\mathrm{d}\tau}{\displaystyle\int_{t-\tau_{\mathrm{A}}}^{t} G(\tau)C_{\mathrm{OA,s}}(\tau)\mathrm{d}\tau} \\[2em]
E_{\tau_{\mathrm{A}}}(x,y,z,t) &= \frac{\tau_{\mathrm{n}}}{\tau_{\mathrm{A}}} \\[2em]
E_{\mathrm{P,B}}(x,y,z,t) &= \frac{\displaystyle\int_{t-\tau_{\mathrm{A}}}^{t} G(\tau)[C_{\mathrm{P,e}}(\tau)+C_{\mathrm{B,e}}(\tau)]\mathrm{d}\tau}{\displaystyle\int_{t-\tau_{\mathrm{A}}}^{t}[C_{\mathrm{P}}(x,y,z,\tau)+C_{\mathrm{B}}(x,y,z,\tau)]g(x,y,z,\tau)\mathrm{d}\tau}
\end{aligned}\right\}\qquad(5\text{-}12)$$

式中　　　　　$C_{\mathrm{OA,s}}$——送风口处新风比重；

$C_{\mathrm{P,e}}$、$C_{\mathrm{B,e}}$——分别为排风口处人员污染物浓度和建筑污染物浓度，$\mathrm{mg/m^3}$；

$G(\tau)$——通风量，$\mathrm{m^3/s}$；

τ_{n}——名义时间常数（等于室内空间体积与新风量之比），s；

$E_{\mathrm{OA}}(x,y,z,t)$——新风有效量的传递效率，反映了室内任意点获得有效新风量的能力；

$E_{\tau_{\mathrm{A}}}(x,y,z,t)$——新风气流传递的时间效率，反映了新风到达室内任意点的快慢；

$E_{\mathrm{P,B}}(x,y,z,t)$——新风与污染源联合作用下的污染物迁移效率，同时反映了新风运移污染物的能力和污染源的影响特性。

由式（5-11）可以看到，新风效应第一因子（$FFOAE$）为无量纲数，即可以在不同室内空间进行比较。同时，它定量地表征了入室新风气流的流动特性、新风到达室内任意点的有效量、新风气流稀释运移污染物的能力和污染源的影响特性，即涵盖了入室新风气流、污染源的各自特性及其相互作用关系。此外还应当看到，$FFOAE$ 越大，表明传递到室内任意点的新风有效量越大，或（且）新风到达室内任意点的时间越短，或（且）新风运移污染物的能力越强（即污染物的累积量越小）。因此，$FFOAE$ 越大，表明新风在室内空气环境中所产生的正效应越显著，即越有利于 IAQ 的改善。

此外，由式（5-11）还可以得到：

$$FFOAE(x,y,z,0)=0 \qquad(5\text{-}13)$$

$$\begin{aligned}
FFOAE(x,y,z,\infty) &= \lg\left\{\alpha\left[\frac{C_{\mathrm{OA}}(x,y,z,\infty)}{C_{\mathrm{OA,s}}}\right]\left[\frac{\tau_{\mathrm{n}}}{\tau_{\mathrm{A}}}\right]\right.\\
&\quad\left.\left[\frac{C_{\mathrm{P,e}}+C_{\mathrm{B,e}}}{C_{\mathrm{P}}(x,y,z,\infty)+C_{\mathrm{B}}(x,y,z,\infty)}\right]\right\}\\
&= \lg[\alpha E_{\mathrm{OA}}(x,y,z,\infty)E_{\tau_{\mathrm{A}}}(x,y,z,\infty)E_{\mathrm{P,B}}(x,y,z,\infty)]
\end{aligned}$$

$$(5\text{-}14)$$

式（5-13）表明，在通风初始时刻，由于新风传递在室内尚未进行，即室内各点的新风组分含量为 0，故初始时刻的 $FFOAE$ 为 0；式（5-14）表明，当通风时间足够长，室内新风效应作用下的质量输运过程进入稳态，新风气流在室内各点的传递快慢不再变化，传递时间（空气龄）对 *FFOAE* 的调节作用已不再凸显，此时 *FFOAE* 趋于恒定并完全取决于空气微元体的组分构成。

图 5-6 给出了四种气流组织形式下的新风效应第一因子 *FFOAE* 分布。

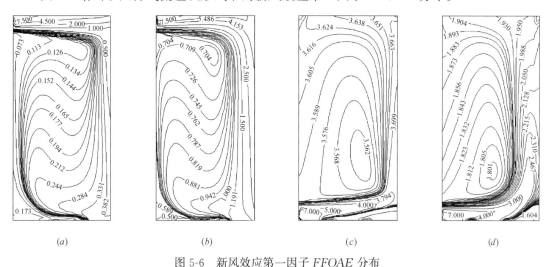

图 5-6　新风效应第一因子 *FFOAE* 分布
（*a*）上送上排 ULUR；（*b*）上送下排 ULLR（*c*）下送下排 LLLR；（*d*）下送上排 LLUR

可以发现，由于混合、稀释和置换作用的发生，*FFOAE* 自送风口开始沿着新风气流流动路径逐渐减小。同时，在 ULUR 和 ULLR 的左下侧区域以及 LLLR 和 LLUR 的右下侧区域，由于污染源分布的影响以及新风稀释运移污染物的能力受到限制，在这些区域 FFOAE 出现了最小值。在回流区，四种气流组织方式的污染源分布有利于 *FFOAE* 上升，入室新风气流的流动特性（空气龄）促使其在 ULUR 和 ULLR 中自上而下先减小再增加，在 LLLR 和 LLUR 中从左至右不断减小，而最终 ULUR 和 ULLR 的 *FFOAE* 自上而下表现为不断增加，而 LLLR 和 LLUR 的 *FFOAE* 从左至右逐渐减小。这表明，污染源分布对 ULUR 和 ULLR 的影响更显著，而 LLLR 和 LLUR 受入室新风气流流动特性的影响更大。

鉴于 *FFOAE* 是三种效率的叠加结果，因此给出计算分析对象垂直中心线上 *FFOAE* 与三种效率之间的叠加关系，如图 5-7 所示。

可以看到，对 ULUR 和 ULLR 而言，由于 $E_{\tau A}$ 和 $E_{P,B}$ 的增加，*FFOAE* 在顶部区域随着高度的增加而逐渐升高；同时，由于较高的 $E_{\tau A}$，ULLR 在底部区域的 *FFOAE* 要明显高于 ULUR 的相应结果。另一方面，LLLR 和 LLUR 的 *FFOAE* 在底部区域随高度先增加再减小，增加的原因在于 $E_{P,B}$ 的升高，而减小的原因归于 $E_{\tau A}$ 和 $E_{P,B}$ 均下降。而在顶部区域，尽管 LLUR 的 $E_{\tau A}$ 较高，但由于其 $E_{P,B}$ 很低，因此在该区域其 *FFOAE* 要小于 LLLR 的对应结果。

上述结果表明，提高新风气流传递的时间效率 $E_{\tau A}$ 是增强 ULLR 新风第一效应，即提高新风改善 IAQ 效果的关键；而对于 LLUR，污染物迁移效率是影响其新风改善 IAQ 效果的主要因素。

4. 新风效应第二因子

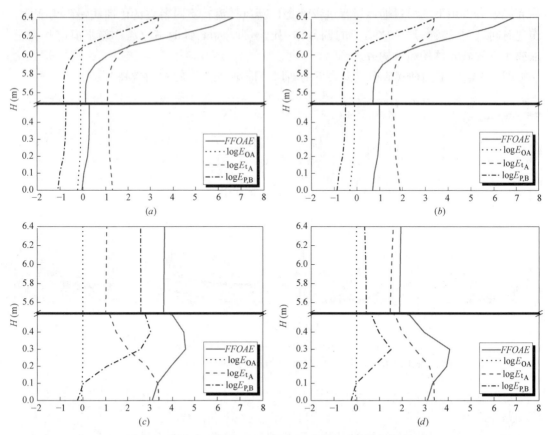

图 5-7　竖直中心线上 *FFOAE* 与三种效率之间的叠加关系
(*a*) ULUR；(*b*) ULLR；(*c*) LLLR；(*d*) LLUR

　　已有研究发现，在室内污染物构成中含有一定的可反应组分。当新风气流由室外送入室内时，一方面会改变这些可反应组分在室内的浓度和停留时间；另一方面，部分室外可反应组分也会随新风气流进入室内，如臭氧（O_3）、氮氧化物（NO_x）等，而这两个方面的影响都会改变室内（气相）化学反应的过程和反应程度，从而进一步影响室内二次污染物的构成和浓度，即新风第二效应。

　　新风效应作用下室内潜在化学反应对空气环境的影响程度取决于二次污染物（生成物）的浓度水平与分布状况；而针对特定的反应类型，二次污染物的浓度分布又依赖于室内各点处的反应物浓度水平及其停留时间。室内反应物的浓度与入室新风中反应性组分含量（新风品质）密切相关；同时，空气流动特点（空气龄）又影响到反应物和生成物在室内的停留时间。

　　另一方面，对于室内任意空气微元体，在空气龄时间段内的生成物累积量是与反应物累积量（间接反映反应量）相对应的，二者均与入室新风中反应性组分含量和空气流动特点关联，并取决于新风第二效应；同时，二者比值越大，表明室内空气化学反应程度越高，新风第二效应的作用越显著。因此，二者比值为评价新风第二效应提供了客观尺度。此外，作为绝对量的二者比值还需要与合理的参照条件相结合，即得到相对结果才能准确反映新风第二效应的影响作用。相应地，根据制约二者比值的因素，可以选择送风口处的反应性组分含量和排风口处的生成物含量作为参照条件。基于以上分析,可以得到新风效应第二因子($SFOAE$,Second Factor of Outdoor Air Effect)为:

$$SFOAE(x,y,z,t)=\lg\left\{\frac{\int_{t-\tau_A}^{t}\left[\sum[P]_j(x,y,z,\tau)\right]g(x,y,z,\tau)\mathrm{d}\tau}{\int_{t-\tau_A}^{t}G(\tau)\sum[P]_{j,e}(\tau)\mathrm{d}\tau}\right\}$$

$$\left\{\frac{\int_{t-\tau_A}^{t}G(\tau)\sum[R]_{i,s}(\tau)\mathrm{d}\tau}{\int_{t-\tau_A}^{t}\left[\sum[R]_i(x,y,z,\tau)\right]g(x,y,z,\tau)\mathrm{d}\tau}\right\}$$

$$=\lg[E_P(x,y,z,t)E_R(x,y,z,t)] \tag{5-15}$$

$$\left.\begin{aligned}E_P(x,y,z,t)&=\frac{\int_{t-\tau_A}^{t}\left[\sum[P]_j(x,y,z,\tau)\right]g(x,y,z,\tau)\mathrm{d}\tau}{\int_{t-\tau_A}^{t}G(\tau)\sum[P]_{j,e}(\tau)\mathrm{d}\tau}\\[2em]E_R(x,y,z,t)&=\frac{\int_{t-\tau_A}^{t}G(\tau)\sum[R]_{i,s}(\tau)\mathrm{d}\tau}{\int_{t-\tau_A}^{t}\left[\sum[R]_i(x,y,z,\tau)\right]g(x,y,z,\tau)\mathrm{d}\tau}\end{aligned}\right\} \tag{5-16}$$

式中　　$[R]_{i,s}$——送风口处的反应性组分含量,ppb;

$\quad\quad\quad[P]_e$——排风口处的生成物含量,ppb;

$\quad\quad\quad G(\tau)$——通风量,$\mathrm{m^3/s}$;

$g(x,y,z,\tau)$——τ 时刻流经微元空气体(dxdydz)的风量,$\mathrm{m^3/s}$;

$E_P(x,y,z,t)$——二次污染物的累积(或暴露)效率;

$E_R(x,y,z,t)$——反应物的反应效率。

由式(5-15)可以看到,新风效应第二因子($SFOAE$)也为无量纲数,即可以在不同室内空间进行比较。同时,$SFOAE$ 定量地表征了在物质转化作用下反应物与生成物的累积特性(化学反应程度影响下的浓度和停留时间的综合反映),即涵盖了入室新风气流与室内空气化学反应的相互关系。此外,$SFOAE$ 越小,则表明新风在室内空气环境中所产生的负效应越不明显,越有利于 IAQ 的改善。

另一方面,由式(5-15)可以得到:

$$SFOAE(x,y,z,0)=0 \tag{5-17}$$

$$SFOAE(x,y,z,\infty)=\lg\left\{\frac{\sum[P]_j(x,y,z,\infty)}{\sum[P]_{j,e}}\right\}\left\{\frac{\sum[R]_{i,s}}{\sum[R]_i(x,y,z,\infty)}\right\}$$

$$=\lg[E_P(x,y,z,\infty)E_R(x,y,z,\infty)] \tag{5-18}$$

式(5-17)和式(5-18)分别给出通风初始时刻和稳定阶段的 $SFOAE$ 分布特征。在通风初始时刻,室内潜在化学反应还未发生,即二次污染物暴露水平为 0,故各点处的 $SFOAE$ 为 0;在稳定阶段,反应物到达室内各点的时间和生成物在室内的停留时间将不再发生变化,$SFOAE$ 的取值完全取决于二者的浓度水平与分布状况。

针对二维简化空间,空间的几何尺寸为 6.4m×3.2m,送风口(Inlet)和排风口(Outlet)的尺寸为 0.4m。同样考虑以下 4 种气流组织形式:上送上排 ULUR、上送下排

ULLR、下送下排 LLLR 和下送上排 LLUR。选择基元双分子反应为分析对象，反应物 A 来源于入室新风，反应物 B 由地板散发。反应速率常数为 $0.756/(\text{ppb} \cdot \text{h})$，反应物 A 的扩散系数为 $1.82 \times 10^{-5}\,\text{m}^2/\text{s}$，反应物 B 的扩散系数为 $6.2 \times 10^{-6}\,\text{m}^2/\text{s}$，生成物 P 的扩散系数为 $6.5 \times 10^{-6}\,\text{m}^2/\text{s}$。此外，室内空气温度为恒定值 $25℃$，即不考虑热源（热边界）的影响。对于 4 种气流组织方式，图 5-8～图 5-11 给出了反应物浓度、生成物浓度、新风效应第二因子 $SFOAE$ 的分布。

可以看到，反应物 A 在入室新风与室内空气混合过程中不断与反应物 B 反应，从而使其浓度沿气流路径不断降低。由于反应物 B 在 ULUR 和 ULLR 的左下侧区域以及 LLLR 和 LLUR 的右下侧区域的浓度高且停留时间长，相应地，反应物 A 在这些区域的浓度出现最小值。同时，反应物 A 在 LLLR 和 LLUR 中浓度水平要远高于在 ULUR 和 ULLR 中的浓度，原因在于反应物 B 在 LLLR 和 LLUR 中被及时排走。

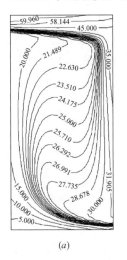 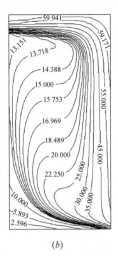 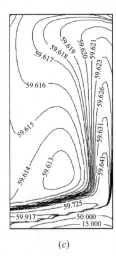 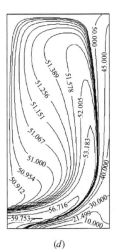

| (a) | (b) | (c) | (d) |

图 5-8　反应物 A 的浓度分布（ppb）

(a) ULUR；(b) ULLR；(c) LLLR；(d) LLUR

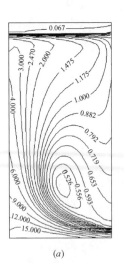 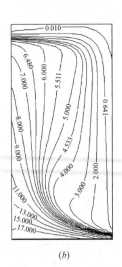 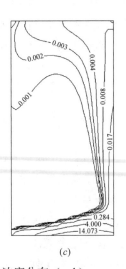 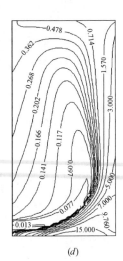

| (a) | (b) | (c) | (d) |

图 5-9　反应物 B 的浓度分布（ppb）

(a) ULUR；(b) ULLR；(c) LLLR；(d) LLUR

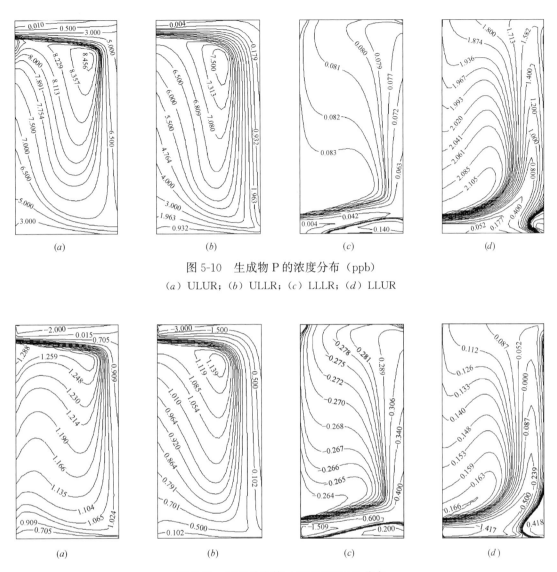

图 5-10 生成物 P 的浓度分布（ppb）
（*a*）ULUR；（*b*）ULLR；（*c*）LLLR；（*d*）LLUR

图 5-11 新风效应第二因子 SFOAE 分布
（*a*）ULUR；（*b*）ULLR；（*c*）LLLR；（*d*）LLUR

另一方面，受到反应物 B 的散发位置和回流区气流流动方向的影响，在 ULUR 和 ULLR 左侧区域和 LLLR 和 LLUR 右侧区域，反应物 B 的浓度沿流动方向逐渐减小，这反映了化学反应与物理稀释的联合影响。各个位置生成物 P 的浓度大小取决于反应物 A 和 B 的浓度分布以及停留时间的共同影响，尽管某些区域反应物 B 浓度的较低，但由于反应物 A 的浓度较高且反应物 B 的停留时间较长，在这些区域生成物的浓度较高。

可以发现，由于反应物 B 的浓度分布影响，越接近送风口的位置，*SFOAE* 越小。同时，在混合、稀释、置换和化学反应联合作用下，沿着新风气流流动方向，*SFOAE* 逐渐升高。另一方面，对于 ULUR 和 ULLR 而言，尽管反应物 A 的浓度会促使 *SFOAE* 沿其顺时针气流流动方向逐渐降低，但在反应物 B 和生成物 P 的浓度分布影响下，最终使 *SFOAE* 沿顺时针气流流动方向升高。这表明，与反应物 A 相比，反应物 B 的反应程度对这两种气流组织方式的生成物 P 的增加具有更大的影响。此外，在反应物 A、B 和生成物 P 的浓度分布影响下，LLLR 和 LLUR 的 *SFOAE* 沿其逆时针气流流动方向逐渐增加。

针对 *SFOAE* 是反应物反应效率和生成物累积效率的叠加，图 5-12 给出了在计算分析对象垂直中心线上 *SFOAE* 与两种效率之间的叠加关系。

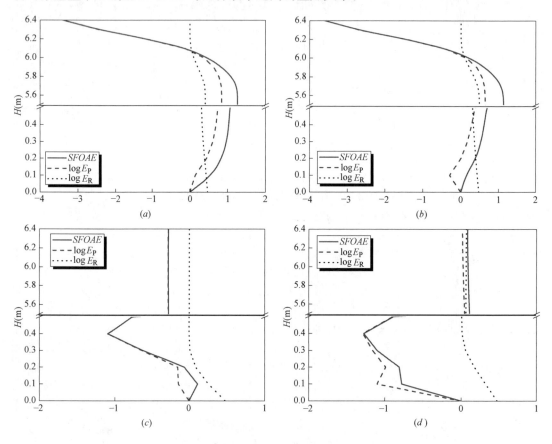

图 5-12　竖直中心线上 *SFOAE* 与两种效率之间的叠加关系
(*a*) ULUR；(*b*) ULLR；(*c*) LLLR；(*d*) LLUR

可以看到，对 ULUR 和 ULLR 而言，*SFOAE* 在底部区域迅速上升，在中部区域保持稳定，而在顶部区域逐渐下降；但对 LLLR 和 LLUR 而言，*SFOAE* 在底部区域不断下降，在中部区域开始上升，而在顶部区域保持稳定。出现这些变化的原因取决于生成物累积效率 E_P 的主导影响。

以上结果表明，控制生成物累积是降低新风对室内化学反应影响，即抑制新风第二效应的关键策略。

5.1.2　排污有效性相关评价指标

1. 污染物年龄

房间内某点的污染物年龄也是该点排出污染物有效程度的指标。某点的污染物年龄是指污染物从产生到当前时刻的时间。类似的，还有污染物驻留时间的概念，即污染物从产生到离开房间的时间。和空气龄类似，房间中某一点的污染物由不同的污染物微团组成，这些微团的年龄各不相同。因此该点所有污染物微团的污染物年龄存在一个概率分布函数

$A(\tau)$ 和累计分布函数 $B(\tau)$。累计分布函数与概率分布函数之间的关系为：

$$\int_0^\tau A(\tau)\mathrm{d}\tau = B(\tau) \tag{5-19}$$

某一点污染物微团的污染物年龄是指该点所有污染物微团的污染物年龄的平均值：

$$\tau_{\mathrm{cont}} = \int_0^\infty \tau A(\tau)\mathrm{d}\tau \tag{5-20}$$

与空气龄不同的是，某点的污染物年龄越短，说明污染物越容易来到该点，则该点的空气品质比较差。反之，污染物年龄越大，说明污染物越难达到该点，该点的空气品质较好。

2. 排空时间

在房间污染物总量的基础上，定义排空时间为稳定状态下房间污染物的总量除以房间的污染物产生率，即

$$\theta = \frac{M(\infty)}{\dot{m}} \tag{5-21}$$

式中　θ——排空时间；

$M(\infty)$——房间污染物的总量；

$\dot{m}$——房间的污染物产生率。

排空时间反映了一定的气流组织形式排除室内污染物的相对能力。排空时间越大，说明这种形式排除污染物的能力越小。它和污染物的位置有关，而和污染物的散发强度无关。污染物越靠近排风口，排空时间越小。

3. 排污效率

排污效率等于房间的名义时间常数和污染物排空时间的比值，或出口浓度和房间平均浓度的比值，即：

$$\varepsilon = \frac{\tau_{\mathrm{n}}}{\tau_{\mathrm{e}}} \tag{5-22}$$

式中　τ_{n}——房间的名义时间常数；

τ_{e}——污染物排空时间。

排污效率是衡量稳态通风性能的指标，如图 5-13 所示，它表示送风排除污染物的能力。对相同的污染物，在相同的送风量时能维持较低的室内稳态浓度，或者能较快地将室内初始浓度降下来的气流组织，那么它的排污效率高。影响排污效率的主要因素是送排风口的位置（气流组织形式）和污染源所处位置。

4. 污染物可及性

为评价室内突然释放某种污染物时，这种污染物源在有限时段内对室内环境的影响，定义了影响程度的量化指标，即污染源可及性。假设送风不包括这种污染物，则空间某点的污染源可及性定义式

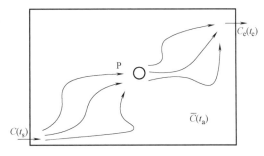

图 5-13　排污效率示意图

如下：

$$ACS(x,y,z,T) = \frac{\int_0^T C(x,y,z,\tau)\mathrm{d}\tau}{\overline{C}T} \tag{5-23}$$

$\overline{C}$ 为稳态下回风口的平均污染物浓度，其值为：

$$\overline{C} = \sum_i S_i / Q \tag{5-24}$$

式中　　ACS（x，y，z，T）——无量纲数，在时段 T 时，室内位置（x，y，z）处的污染源可及性；

C（x，y，z，τ）——在 τ 时刻室内（x，y，z）处的污染物浓度，kg/m^3；

S_i——该污染物在室内某处的发生源，编号为 i，kg/s；

Q——送风体积流量，m^3/s；

T——从污染物开始扩散时所经历的时段，也就是用于衡量污染物动态影响效果的有限时段，s。

污染源可及性反映了污染物在任意时段内对室内各点的影响程度。由于室内某点的浓度可能高于排风口处稳态平均浓度，因此 ACS 可能大于 1。

当污染源位于送风口处时，$ASA = ACS$，即污染源可及性等于送风的可及性。污染源可及性也只与污染源的位置和流场相关。当各风口某种组分的浓度为 0 时，由该组分在空间中源的散发速率及相应的可及性即可预测室内各点该组分的浓度变化过程，可用于指导如何在任意时段内通过通风系统去除污染物的影响。

5.2　室内空气品质评价标准

完整的室内空气品质标准体系应当包含设计阶段、采购阶段、施工阶段、竣工阶段和运行阶段五方面的内容。对于新建建筑，上述五个环节环环重要，缺一不可。对既有建筑而言，则重在后两个阶段，特别是在与人们工作生活息息相关的运行阶段的控制。事实上，虽然我们国家已经初步建立起了一些空气品质评价标准，现阶段还没完全实现五个环节的贯通，相关标准在设计和实施过程中还存在困难，整个标准体系也没有完全起到保障室内环境健康的作用。随着现代化和城镇化建设的推进，室内空气品质标准势必将发挥更大的作用，对标准和标准体系的研究也成为暖通空调领域的重要任务。

5.2.1　我国室内空气品质标准

本节主要介绍运行阶段和竣工阶段的室内空气品质标准。

《室内空气质量标准》GB/T 18883-2002 是由卫生部、国家环保总局与国家质量监督检验检疫总局共同发布的室内空气品质运行控制标准。标准内包括了物理性、化学性、生物性及放射性等 19 项指标。除了温度、相对湿度、空气流速、新风量四项物理评价指标外，其他 15 项指标对室内各类污染物进行了限值规定，见表 5-1，大部分污染物浓度单位按 $\mu g/m^3$ 给出。此外，近年来受到广泛关注的 PM2.5 限值并没有包含在《室内空气质量标准》GB/T 18883-2002 里。

《室内空气质量标准》GB/T 18883-2002 对室内空气污染物的限值规定   表 5-1

序号	参数类别	参数	单位	标准值	备注
1	化学性	二氧化硫 SO_2	$\mu g/m^3$	500	1h 均值
2		二氧化氮 NO_2	$\mu g/m^3$	240	1h 均值
3		一氧化碳 CO	$\mu g/m^3$	10,000	1h 均值
4		二氧化碳 CO_2	%	0.10	日平均值
5		氨 NH_3	$\mu g/m^3$	200	1h 均值
6		臭氧 O_3	$\mu g/m^3$	160	1h 均值
7		甲醛 HCHO	$\mu g/m^3$	100	1h 均值
8		苯 C_6H_6	$\mu g/m^3$	110	1h 均值
9		甲苯 C_7H_8	$\mu g/m^3$	200	1h 均值
10		二甲苯 C_8H_{10}	$\mu g/m^3$	200	1h 均值
11		苯并[a]芘 B(a)P	ng/m^3	1.0	日平均值
12		可吸入颗粒 PM_{10}	$\mu g/m^3$	150	日平均值
13		总挥发性有机物 TVOC	$\mu g/m^3$	600	8h 均值
14	生物性	菌落总数	cfu/m^3	2500	依据撞击法采用的仪器而定
15	放射性	氡 ^{222}Rn	Bq/m^3	400	年平均值(行动水平)

注：行动水平即达到此水平建议采取干预行动以降低室内氡浓度。

《民用建筑室内环境污染控制规范》GB 50325-2010 是由建设部发布的室内空气品质竣工标准。主要为了检验工程竣工时，室内装饰装修材料污染物的散发是否符合建筑使用要求，见表 5-2。

此外，《民用建筑室内环境污染控制规范》也对材料本身污染物含量进行了规定，在一定程度上具备建材标识体系的功能。

《民用建筑室内环境污染控制规范》(GB 50325-2010) 的室内空气污染物限值   表 5-2

污染物	Ⅰ类民用建筑	Ⅱ类民用建筑
氡(Bq/m^3)	≤200	≤400
甲醛($\mu g/m^3$)	≤80	≤100
苯($\mu g/m^3$)	≤90	≤90
氨($\mu g/m^3$)	≤200	≤200
TVOC($\mu g/m^3$)	≤500	≤600

注：1. Ⅰ类民用建筑工程指住宅、医院、老年建筑、幼儿园和学校教室等；Ⅱ类民用建筑工程指办公楼、商店、旅馆、文化娱乐场所、书店、图书馆、展览馆、体育馆、公共交通候车室、餐厅和理发店等。
2. 污染物浓度测量值，除氡外均指室内测量值扣除同步测定的室外上风向空气测量值（本底值）后的测量值。
3. 污染物浓度测量值的极限值判断，采用全数值比较法。

5.2.2 国际室内空气品质标准及依据

国外不少研究机构和组织基于毒理学和流行病学研究发布空气品质标准。表 5-3 汇总了世界卫生组织（WHO）、美国有毒物质和疾病登记管理局（ATSDR）和美国加州环保署环境健康危害评估办公室（CA OEHHA）发布的室内空气标准及标准制定的依据。

国外部分室内空气品质标准对空气污染物的限值规定及依据　　　　　　表 5-3

参数	室内浓度		限值制定依据	标准发布组织
	限值及单位	暴露时间		
二氧化硫	$660\mu g/m^3$	1h（急性）	对呼吸系统有健康危害	CA OEHHA
	$29\mu g/m^3$	1 至 14 天平均（急性）		ATSDR
二氧化氮 NO_2	$470\mu g/m^3$	1h（急性）	对呼吸系统有健康危害	CA OEHHA
	$200\mu g/m^3$	1h（急性）		WHO
	$40\mu g/m^3$	1 年（慢性）		
一氧化碳 CO	$23,000\mu g/m^3$	1h（急性）	对心血管系统有健康危害	CA OEHHA
	$100,000\mu g/m^3$	15 分钟（急性）		WHO
	$35,000\mu g/m^3$	1h（急性）		
	$10,000\mu g/m^3$	8h		
	$7,000\mu g/m^3$	24h		
臭氧 O_3	$180\mu g/m^3$	1h（急性）	对呼吸系统、眼睛有健康危害	CA OEHHA
氨 NH_3	$3,200\mu g/m^3$	1h（急性）	对呼吸系统、眼睛有健康危害	CA OEHHA
	$1290\mu g/m^3$	1 至 14 天（急性）	对呼吸系统有健康危害	ATSDR
	$200\mu g/m^3$	1 年（慢性）		CA OEHHA
	$76\mu g/m^3$	1 年及以上（慢性）		ATSDR
甲醛 HCHO	$100\mu g/m^3$	30 分钟（急性）	感官刺激	WHO
	$55\mu g/m^3$	1h（急性）	眼部刺激	CA OEHHA
	$54\mu g/m^3$	1 至 14 天平均（急性）	对呼吸系统有健康危害	ATSDR
	$40\mu g/m^3$	15 天至 1 年		
	$9\mu g/m^3$	8h/1 年（慢性）		CA OEHHA
	$10\mu g/m^3$	1 年及以上（慢性）		ATSDR
苯 C_6H_6	$27\mu g/m^3$	1h（急性）	对血液系统有健康危害	CA OEHHA
	$31\mu g/m^3$	1 至 14 天平均（急性）	对免疫系统有健康危害	ATSDR
	$21\mu g/m^3$	15 天至 1 年		
	$3\mu g/m^3$	8h/1 年（慢性）	对血液系统有健康危害	CA OEHHA
	$10\mu g/m^3$	1 年及以上（慢性）	对免疫系统有健康危害	ATSDR
甲苯 C_7H_8	$37,000\mu g/m^3$	1h（急性）	对呼吸系统、神经系统、眼、生殖发育等有健康危害	CA OEHHA
	$2,054\mu g/m^3$	1 至 14 天平均（急性）	对神经系统有健康危害	ATSDR
	$300\mu g/m^3$	1 年（慢性）		CA OEHHA
	$1,027\mu g/m^3$	1 年及以上（慢性）	对神经系统有健康危害	ATSDR
乙苯 C_8H_{10}	$23,661\mu g/m^3$	1 至 14 天平均（急性）	对神经系统有健康危害	ATSDR
	$9,464\mu g/m^3$	15 天至 1 年		

续表

参数	室内浓度		限值制定依据	标准发布组织
	限值及单位	暴露时间		
乙苯 C_8H_{10}	$2000\mu g/m^3$	1年(慢性)		CA OEHHA
	$284\mu g/m^3$	1年及以上(慢性)	对肾系统有健康危害	ATSDR
二甲苯 C_8H_{10}	$22,000\mu g/m^3$	1h(急性)	对呼吸系统、神经系统、眼部有健康危害	CA OEHHA
	$9,464\mu g/m^3$	1至14天平均(急性)	对神经系统有健康危害	ATSDR
	$2,839\mu g/m^3$	15天至1年		
	$700\mu g/m^3$	1年(慢性)	对呼吸系统、神经系统、眼部有健康危害	CA OEHHA
	$237\mu g/m^3$	1年及以上(慢性)	对神经系统有健康危害	ATSDR
苯乙烯 C_8H_8	$21,000\mu g/m^3$	1h(急性)	对呼吸系统、眼、生殖发育等有健康危害	CA OEHHA
	$23,214\mu g/m^3$	1至14天平均(急性)	对神经系统有健康危害	ATSDR
	$900\mu g/m^3$	1年(慢性)		CA OEHHA
	$4443\mu g/m^3$	1年及以上(慢性)		ATSDR
颗粒物 PM2.5	$35\mu g/m^3$	1年(慢性)	与 $10\mu g/m^3$ 相比长期死亡率上升15%	WHO
	$10\mu g/m^3$	1年(慢性)	高于此浓度时,总死亡率、心血管疾病死亡率和肺癌死亡率的上升与 $PM_{2.5}$ 浓度显著相关	
颗粒物 PM10	$70\mu g/m^3$	1年(慢性)	与 $20\mu g/m^3$ 相比长期死亡率上升15%	WHO
	$20\mu g/m^3$	1年(慢性)		
氡 ^{222}Rn			氡浓度与健康风险基本呈线性关系,可以认为没有下限安全指标	WHO

注:WHO——世界卫生组织;WTSDR——美国有毒物质和疾病登记管理局;CA OEHHA——美国加州环保署环境健康危害评估办公室。

需要补充的是,有研究表明,室内 CO_2 浓度达到 5000ppmv 时被证实对人体健康、舒适、效率没有显著影响。但由于人在呼气时除了排放 CO_2 外,也排放 VOC 等生物污染物。生物污染物则已被证实对人体健康、舒适和效率都存在一定的影响。由此,一般情况下室内 CO_2 浓度可以作为室内人员污染物的指示剂。限定室内 CO_2 浓度的主要目的是降低生物污染物对人的影响。

5.2.3 绿色与健康建筑室内空气品质要求

绿色建筑、健康建筑是当前新兴的研究热点。相比传统建筑,绿色建筑强调节能环保,健康建筑强调室内环境对人体健康没有影响或影响很小。国内外绿色建筑和健康建筑标准中同样也都涉及了室内空气品质的内容,以下选取部分标准进行简介。

1.《绿色建筑评价标准》

《绿色建筑评价标准》GB/T 50378-2019 是住房和城乡建设部、国家市场监督管理总局联合发布的。

第 5.1.1 条,室内空气中的氨、甲醛、苯、总挥发性有机物、氡等污染物浓度应符合现行国家标准《室内空气质量标准》GB/T 18883 的有关规定。

第 5.2.1 条，控制室内主要空气污染物的浓度。氨、甲醛、苯、总挥发性有机物、氡等污染物浓度低于现行国家标准《室内空气质量标准》GB/T 18883 规定限值的 10％或低于 20％；室内 PM2.5 年均浓度不高于 $25\mu g/m^3$，且室内 PM10 年均浓度不高于 $50\mu g/m^3$；以上做法都有绿色建筑得分要求。

2.《健康建筑评价标准》

《健康建筑评价标准》（T/ASC 02-2016）经中国建筑学会标准化委员会批准发布，自 2017 年 1 月 6 日起实施。

第 4.1.1 条，应对建筑室内空气中甲醛、TVOC、苯系物等典型污染物进行浓度预评估，且室内空气质量应满足现行国家标准《室内空气质量标准》GB/T 18883 的要求。

第 4.1.2 条，控制室内颗粒物浓度，PM2.5 年均浓度应不高于 $35\mu g/m^3$，PM10 年均浓度应不高于 $70\mu g/m^3$。

第 4.2.6 条，控制室内颗粒物浓度，允许全年不保证 18 天条件下，PM2.5 日平均浓度不高于 $37.5\mu g/m^3$，PM10 日平均浓度不高于 $75\mu g/m^3$，可以得分。

第 4.2.7 条，控制室内空气中放射性物质和 CO_2 的浓度，年均氡浓度不大于 $200Bq/m^3$，CO_2 日平均浓度不大于 0.09％，可以得分。

3. 美国 LEED 体系

美国 LEED 体系是由美国绿色建筑委员会（USGBC）开发、对多种类型建筑均适用、提供可量化评估的绿色建筑评价标准。在室内环境质量方面，LEED 标准有详细细致的要求，是对室内化学污染方面分三个部分进行了规定，包括入住前的室内空气品质管理（共 40 余种污染物的浓度要求）、室内使用材料的污染物释放规范（包括胶粘剂和密封剂、涂料和涂层、地毯系统材料、复合木材和植物纤维制品）以及室内化学污染控制。

表 5-4 给出了 LEED v4 体系中对入住前，建筑室内部分与我国《室内空气质量标准》GB/T 18883-2002 存在交集的污染物所需达到的浓度指标。

美国 LEED v4 标准对建筑入住前室内空气部分污染物浓度的限值规定　　　表 5-4

污染物	最大浓度限值及单位
一氧化碳 CO	9ppmv,并且不高于室内水平 2ppmv
臭氧 O_3	0.075ppmv
颗粒物 PM10	$50\mu g/m^3$
颗粒物 PM2.5	$15\mu g/m^3$
甲醛 HCHO	27ppbv
苯 C_6H_6	$3\mu g/m^3$
甲苯 C_7H_8	$300\mu g/m^3$
二甲苯 C_8H_{10}	$700\mu g/m^3$
苯乙烯 C_8H_8	$900\mu g/m^3$
可挥发有机物总量 TVOC	$500\mu g/m^3$

4. WELL 健康建筑标准

WELL 标准是由国际 WELL 建筑研究所（IWBI）制定的世界上第一部体系较为完

整、专门针对健康建筑认证与评价的标准。WELL 标准基于性能的评价系统，它测量、认证和监测空气、水、营养、光线、健康、舒适和精神等影响人类健康和福祉的建筑环境特征。其中，WELL 标准对建筑一般室内空间和厨房中空气品质的要求如表 5-5 所示。

WELL 标准对室内空气污染物浓度的限值规定 表 5-5

污染物	最大浓度限值及单位
一氧化碳 CO	9ppmv (35ppmv in operational kitchen)
二氧化氮 NO_2	(100ppbv in operational kitchen)
臭氧 O_3	51ppbv
颗粒物 PM10	$50\mu g/m^3$
颗粒物 PM2.5	$15\mu g/m^3$ ($35\mu g/m^3$ in operational kitchen)
甲醛 HCHO	27ppbv (81ppbv in operational kitchen)
可挥发有机物总量 TVOC	$500\mu g/m^3$
氡^{222}Rn	4pCi/L

5.3 室内空气品质评价方法

5.3.1 客观评价法

客观评价方法依赖对室内空气品质的检测结果与相关空气品质标准规定的各项指标进行比较来评价室内空气质量。

1. 危害评估

危害评估（hazard assessment）主要依赖室内空气品质标准中给出的污染物限值，通过比较的方法评估室内空气是否符合要求。由于室内空气品质标准中通常给出多种污染物的限值，不仅包含化学污染物，也包含生物污染物、放射性污染物等。除了直接比较外，近年来也衍生出了综合考虑多种污染物的评价方法。

（1）直接比较法

直接比较法即将测得的室内空气污染物浓度直接与室内空气品质标准中给出的限值进行比较。举例来说，我国《室内空气质量标准》GB/T 18883-2002 中明确规定除空气温度、相对湿度、风速等物理性指标外，新风量应大于或等于标准规定值，其他化学性、生物性和放射性指标均应小于或等于标准规定值。

这种评价方法过程简单、直观、明确，可以清晰地判断室内空气检测结果中哪些污染物达标，哪些污染物超标。在实际操作中，直接比较法常采用一票否决制，即其中一项污染物超标了即可认为空气质量总体不达标。

直接比较法不对污染物的危害程度进行排序，不具体比较哪些污染物对人体健康的影响较大。

（2）分级达标评价法

分级达标评价法在直接比较法的基础上增加了灵活性。如室内空气品质标准中某些指标比较严格时，可以进行适当分级，使得工程实践可以按照对空气品质不同等级的需求来进行设计和控制。空气质量总体达标与否，或者总体达到的等级，以其中获得最低等级的污染物为准。

（3）综合指数法

综合指数法综合考虑室内多种污染物对空气品质的影响。综合指数法的主要计算基础是将某个污染物浓度 C_i 与指标上限值 S_i 之比定义为分指数。S_i 通常采用现有室内空气品质标准中给出的污染物浓度限值。分指数的倒数可认为是权重系数，反映了某个污染物浓度与其标准浓度上限之间的距离。获得各类污染物的分指数之后，通过数学处理可以获得各类综合指数。常见的综合指数有算数叠加指数 P、算数平均指数 Q、综合知识 I 等。综合指数法可以确定室内主要污染物及其水平，也可基于此评价室内空气品质的等级。

各类综合指数见式（5-24）～式（5-26）：

算数叠加指数 P：

$$P = \sum_{i=1}^{n} \frac{C_i}{S_i} \tag{5-25}$$

算数平均指数 Q：

$$Q = \frac{1}{n} \sum_{i=1}^{n} \frac{C_i}{S_i} \tag{5-26}$$

综合指数 I：

$$I = \sqrt{\left(\max \left| \frac{C_1}{S_1}, \frac{C_2}{S_2}, \ldots, \frac{C_n}{S_n} \right| \right) \cdot \left(\frac{1}{n} \sum_{i=1}^{n} \frac{C_i}{S_i} \right)} \tag{5-27}$$

在综合指数法的运用中，通常以算术平均指标和综合指数作为主要的评价指标。

（4）模糊评价法

分级达标评价法的一个难点是分级指标的划分。尽管部分室内空气品质标准中给出的限值有毒理学和流行病学依据，但总体上室内空气品质还是一个模糊的概念。所以，室内空气品质同样可以采用模糊数学的方法进行评价。可以考虑 CO_2、CO、颗粒物、甲醛等多种污染物，通过引入隶属函数同时考虑各指标在影响对象中的重要程度，经过模糊变化得到每一个被评值的大小，进而判断所衡量的室内空气品质的优劣顺序。

（5）灰色理论评价法

灰色系统理论同样可以用于划分室内空气品质的等级。该理论的特点是"部分信息已知，部分信息未知"的"小样本"，以"贫信息"不确定性系统为研究对象。主要通过对"部分"已知信息的生成、开发，提取有价值的信息，实现对系统规律的正确描述和有效监控。该理论用时间序列来表示系统行为特征量和各影响因素的发展。采用灰色系统理论中的灰色关联分析，可以判断不同序列曲线之间的关联和相似程度，进而为室内空气品质等级的划分提供依据。

2. 影响评估

影响评估（impact assessment）或政策影响评估（policy impact assessment）主要依据毒理学和流行病学研究，在人口中进行较大范围地调查室内空气污染物浓度与人口健康效应的关联。影响评估通常与政策研究相结合，尝试将人口健康效应与污染物暴露结合起来，通常也基于人口健康损害来对污染物进行排序。

3. 风险评估

风险评估（risk assessment）是一种可以定量分析室内空气污染物对人体健康影响的方法。风险评估强调定量，通过暴露水平、健康效应等研究量化污染物对人体健康的影响。

（1）暴露水平评价法

根据世界卫生组织（WHO）推荐的定义，暴露是指人体与一种或一种以上的物理、化学或生物因素在时间和空间上的接触。

暴露分为外暴露和内暴露。在室内空气品质研究中，外暴露指人体直接接触的室内空气中污染物的浓度，一般通过空气样品的采集和分析确定污染物浓度；或用模型预测等手段推算出人体接触到的外环境污染物的水平。内暴露是指人体在受到外界各类污染物对人体的作用后实际接触或被污染的水平。一般可通过检测人的血液、呼气、乳汁、头发、尿液、汗液、脂肪、指甲等生物材料样品，得到污染物或其生物标志物的浓度。在健康风险研究中，一般来说，内暴露剂量比外暴露剂量更能反映人体暴露的真实性，可为精确计算剂量—反应（效应）提供更为科学的依据。

暴露评价就是对暴露人群中发生或预期将发生的人体危害进行分析和评估。暴露测量的方法可分为询问调查、环境测量和生物测量，获得暴露源的分布、暴露浓度和时间、暴露人群的数量等暴露评价的基本要素。

暴露评价是健康风险评价中的一个环节。由于其在健康风险评价中的重要性，通常也单独进行讨论。

（2）健康风险评价法

健康风险评价的定义可以概括为：以大量流行病学、毒理学及相关实验研究结果和数据为基础，根据统计学准则和合理的评价程序，对某种环境因素作用于特定人群的有害健康效应进行综合定性、定量评价的过程。经过几十年的研究和完善，健康风险评价通常包含四个部分。

1）危害鉴定：危害鉴定的目的是定性找出目标污染物及确定其对接触人群产生的健康效应，从而确定对该污染物进行危险度评价的必要性和可能性。

2）暴露评价：即确定目标污染物对人群的外暴露和内暴露水平。

3）剂量—反应（效应）关系评价：剂量—反应（效应）关系评价（dose-response (effect) assessment）是环境污染物暴露与健康不良效应之间的定量评价，是健康风险评价的核心。评价资料可以源于人群流行病学调查，但多数来自动物实验。尽管动物实验更容易得到明确的剂量—反应（效应）关系，其结果外推到人群往往需要十分慎重。

4）风险表征：根据上述三个步骤所得的定性、定量结果，对该目标污染物所引起的人体健康危害在人群范畴上进行综合分析和判断。

5.3.2 主观评价法

人们在评价室内空气品质的过程中逐渐认识到，客观评价法并不能完全准确地衡量空气的质量。主要体现在以下三个方面：首先，与人长期处于室内环境相比，室内空气品质标准确定的污染物浓度限值大多基于较短时间尺度的研究，室内大量低浓度污染物对人体健康的影响究竟如何仍不十分明确。其次，室内空气品质标准往往根据相对独立的研究给出典型的几种污染物的浓度限值，多种污染物综合对人体健康的影响仍然是研究的难点。最后，人体通过大量现场调查也发现，相当数量的病态建筑综合征患者所处的环境中，污染物浓度并不超标。可见，至少现阶段，客观评价法还无法满足准确评价室内空气，保障人群健康的作用。由此，也催生了主观评价室内空气品质的发展。

1. 主观评价法的核心

主观评价法的核心是人的主观感受。丹麦技术大学 Fanger 教授是主观评价法的倡导者和推动者，其在 1989 年提出：品质反映了满足人们要求的程度，如果人们对室内空气满意，就是高品质，反之就是低品质。从此，主观评价法得到迅速发展。

主观评价法通常不依靠仪器，而依靠人的嗅觉来判断室内空气对人的舒适程度。气味浓度和气味强度是依赖于嗅觉的两个可测量。

（1）气味浓度

气味浓度的单位为"阈值稀释倍数"（Dilutions-to-Threshold，简称 D/T）。气味浓度是将有气味气体或蒸汽用无味、清洁空气稀释到可感阈值或可识别阈值的稀释倍数来描述的。其中，可感阈值是一定比例人群（一般为 50%）能将这种气味与无味空气以不定义区别区分开来的气味浓度。可识别阈值则定义为一定比例人群（一般为 50%）能将这种气味与无味空气以某种已知区别区分开来的气味浓度。通常，可识别阈值比可感阈值高 2～5 倍。

（2）气味强度

气味强度（Ddor Intensity）是指气味感觉的可感强度，无量纲。气味强度是以口 1-丁醇作为参考物质，参照美国 ASTM E544 标准中建议的气味强度测试方法来进行标定。图 5-14 给出了 1-丁醇浓度与气味强度之间的关系。

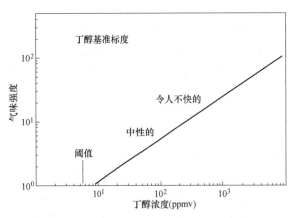

图 5-14　1-丁醇浓度与气味强度之间的关系

气味强度和气味浓度之间的关系可以用式（5-28）进行描述（Steven 定律）：

$$OI = aC^b \qquad (5-28)$$

式中　OI——气味强度（无量纲）；

C——体味浓度阈值稀释倍数（无量纲）；

a 和 b——经验参数，不同气味数值不同，其中 b 值通常小于 1。

2. 主观评价法的流程

主观评价室内空气品质的流程通常类同于主观评估热舒适的过程，通常也可按适用性人和非适用性人两类来进行。在人进行待测房间后填写对室内空气品质感受的主观问卷，用－1～1 来衡量自己对室内空气的满意程度，其中－1 表示完全不能接受，1 表示完全可接受，如图 5-15 所示。若人在刚进入待测房间就填写问卷时，此时得到的结果往往可以认为是非适用性的感受，若人处在待测房间内一段时间后再进行主观评价，此时得到的结果往往可以认为是适用性的感受。

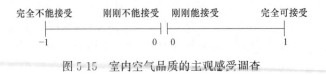

图 5-15　室内空气品质的主观感受调查

在对一定数量的问卷进行统计后，可以得到人群对空气品质的不满意率（Percentage Dissatisfied，PD）来表示。PD 和投票得到的可接受度 ACC 之间存在关联，可用式（5-29）表示：

$$PD = \frac{\exp(-0.18 - 5.28ACC)}{1 + \exp(-0.18 - 5.28ACC)} \times 100\% \tag{5-29}$$

主观评价室内空气品质与室内新风量需求的研究紧密相连，也促成可感知的空气品质（Perceived Air Quality，PAQ）概念的提出和发展。PAQ 表征在一定通风量下人对室内污染物的感觉，提高室内新风量间间降低人对污染物的感受。此外，PAQ 和室内空气品质不满意率之间也存在关联，见式（5-30）。

$$PAQ = 112[\ln(PD) - 5.98]^{-4} \tag{5-30}$$

5.3.3 主客观结合评价法

尽管客观平均法无法准确地衡量室内空气的质量，主观评价法同样存在明显的局限性。人的嗅觉往往无法分辨无气味的有害气体，完全根据人的主观感受来确定空气品质同样无法保证室内空气品质对人体健康产生的影响。在工程实践中，往往需要将主客观两种方法结合起来，取长补短，发挥客观评价法对有害污染物的辨别以及主观评价法对人的感受的重视。本节探讨将主客观评价法相结合的室内空气品质评价方法。

1. 可接受的室内空气品质的概念

实际上早在 1981 年，美国 ASHRAE 62-1981 标准就提出了可接受的室内空气品质（acceptable indoor air quality）的概念并一直沿用至今。该概念的定义为：室内无任何浓度高于危害限值的污染物，同时大多数人（通常取 80% 或以上）没有对室内空气品质表示不满意。这一概念明确同时包含了客观评价和主观评价，经过 30 多年的发展，已逐渐成为室内空气品质主客观结合评价的典型方法。

2. 主客观结合评价法的实践

主客观结合评价法的主要流程类同于主观评价法，二者的区别在于人员在待测房间进行主观感受问卷调查时，同时由非待测人员对室内空气中的物理性、化学性、生物性和放射性参数（参考《室内空气质量标准》GB/T 18883-2002）进行检测。其中对化学性污染物的检测通常包含二氧化碳、甲醛、TVOC、颗粒物等。

需要强调的是，造成空气品质不良的客观原因可能是单一的，也可能是多种因素的综合作用。在调研中要仔细确定室内实际的通风环境，以及影响室内空气品质的各因素。通过合理选取客观评价的方法，确定什么是主要污染源，什么是次要的污染源。

3. 感觉刺激反应程度

到目前为止，病理学研究针对室内空气如何作用于人体并产生各种反应症状问题给出的解释是：触发性生物靶分子的信息传递分子链过程。根据 Nielsen 假说和 Caterina 研究组克隆实验为其提供的科学证据以及国内学者杨旭的研究结果，信息传递分子链过程包括以下 2 类：

第Ⅰ类：空气污染物 AC/感觉刺激受体 SIR/Ca^{2+} 通道/速激肽 NK/速激肽受体 NKR。即空气污染物 AC 作为刺激源通过物理吸附和（或）化学反应激活感觉神经原末梢纤维（无髓鞘 C 纤维和薄髓鞘 Aδ 纤维）膜上的感觉刺激受体 SIR（与辣椒素受体 VR 同为膜受体蛋白），使受体蛋白发生变构，阳离子/钙通道打开，形成钙内流；细胞内的钙内流进一步导致含有 P 物质（SP，Substance P）、神经肽 A（NKA，Neurokinin A）和钙降素相关肽（CGRP，Calcitonin Gene-Related Peptide）的速激肽 NK 释放于细胞外（脱颗粒），并由此激活速激肽受体 NKR，介导生理作用，产生感觉刺激和症状反应；同时，某一感觉神经原末梢被激活后，在其轴索神经反射（AR，Axle Neural Reflex）范围内的其他神经原也被激活，使更多的速激肽参与局部组织的症状反应，如图 5-16（a）所示。

第Ⅱ类：空气污染物 AC/辣椒素受体 VR/Ca^{2+} 通道/IL4/IgE。即空气污染物 AC 作为刺激原激活非神经原类型细胞上的辣椒素受体 VR，引起钙内流；钙内流进一步导致肥大细胞释放过量的细胞因子白细胞介素 4（IL4），IL4 刺激 B 淋巴细胞（BCL）表达 IgE 受体，促使体内 IgE 生成和总水平提高，从而导致获得性过敏体质的形成；如图 5-16（b）所示。

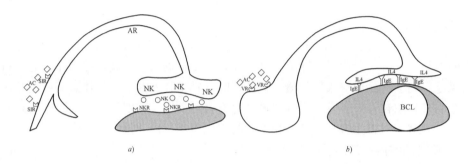

图 5-16　信息传递分子链过程

由上述信息传递分子链过程可知，空气污染物所产生的感觉刺激反应程度与被激活的受体浓度（数量）密切相关。根据受体理论，感觉刺激反应程度可以认为与被激活受体浓度成比例关系。因此，结合质量作用定律，感觉刺激反应程度可表示为：

$$R_{[AC]} = \frac{R_{[AC]\max}[AC]_{bi}}{K_D + [AC]_{bi}} \tag{5-31}$$

式中　$R_{[AC]}$——感觉刺激反应程度；

$R_{[AC]\max}$——最大感觉刺激反应程度，对应于所有受体均被激活时的反应程度；

$[AC]_{bi}$——空气污染物在受体区的浓度；

K_D——分离常数。

同时，$[AC]_{bi}$ 与空气污染物在室内的暴露浓度 $[AC]_{air}$ 之间的关系为：

$$[AC]_{bi} = P_D[AC]_{air} \tag{5-32}$$

式中　P_D——分离系数。

从而，由式（5-31）和式（5-32）可以得到：

$$R_{[AC]} = \frac{R_{[AC]\max}[AC]_{air}}{K_D/P_D + [AC]_{air}} \tag{5-33}$$

另一方面，当室内空气污染物包含多种组分时，根据不同组分对感觉刺激反应影响的"叠加性"可知，多组分引起的感觉刺激反应程度为：

$$\left.\begin{array}{l} R_{[AC]} = \sum \dfrac{R_{[AC]\max,i}[AC]_{air,i}}{K_{D,i}/P_{D,i} + [AC]_{air,i}} \\[3mm] \dfrac{R_{[AC]\max,i}[AC]_{air,i}}{K_{D,i}/P_{D,i} + [AC]_{air,i}} = 0\,([AC]_{air,i} < [AC]_{air,i,cv}) \end{array}\right\} \tag{5-34}$$

式中 $[AC]_{air,i,cv}$——组分 i 的感觉刺激阈限。

根据病理学过程的浓度效应关系［式（5-34）］可知，合理确定室内污染物暴露量应满足以下准则：

（1）由于感觉刺激反应程度直接取决于暴露浓度而不是暴露剂量，因此污染物暴露量应基于瞬时暴露浓度得到；实际上，通常的暴露剂量只能反映浓度的时间累积，而无法反映浓度瞬时跃变（在嗅觉阈、刺激阈和有毒阈内浮动）所产生的健康危害，即暴露剂量相同而健康危害不一定相同。

（2）由于多组分污染物暴露对感觉刺激反应程度的影响存在叠加性，因此在暴露浓度不小于感觉刺激阈限的前提下，污染物暴露量应基于浓度叠加得到。

4. 暴露浓度与效应

首先，对于人体相关污染物而言，组分构成包括人体挥发性有机化合物（VOCs）、颗粒物（含 PM2.5）。但由于人体 VOCs 散发量受到代谢水平、健康状况等因素的影响而表现得不稳定，因此需要将能够直接反映人员代谢强度和数量的二氧化碳（CO_2）作为人体相关污染物的指示物。根据这一特点，室内人员健康与舒适（或不满意率，PD）对 CO_2 浓度的不同也要求，如图 5-17 所示。

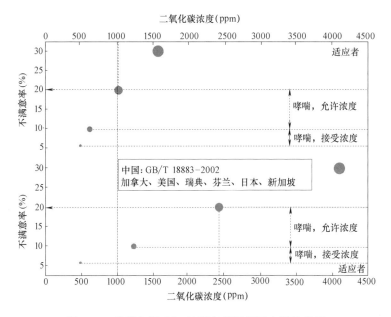

图 5-17   建筑空间 CO_2 浓度与健康舒适之间的关系

其次，来源于室内建材、家具、各种漆、涂料、胶粘剂、阻燃剂、防水剂、防腐剂、防虫剂的挥发性有机化合物（VOCs）是人体以外污染物的代表之一。由于 VOCs 种类很多，难以检测和分类，世界卫生组织 WHO 在 1987 年给出了室内总挥发性有机化合物（TVOC）的概念，从而可以利用这一指标来作为建筑污染散发的重要指示物。不同 TVOC 暴露浓度所带来的毒性、健康和舒适影响也不同，如图 5-18 所示。

再次，作为建筑污染散发的另一重要指示物甲醛（HCOH），主要来源于地毯、人造板、泡沫树脂保温板、胶粘剂、涂料、清洁剂、消毒剂，具有强烈刺激性气味，会对人的舒适健康产生显著影响。不同 HCOH 暴露浓度所引起的人体反应如图 5-19 所示。

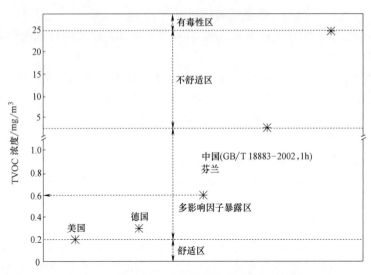

图 5-18　建筑空间不同 TVOC 暴露浓度的影响

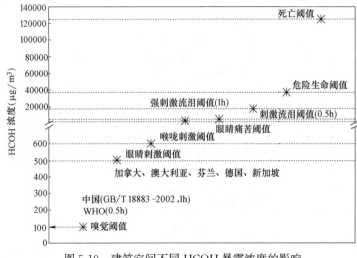

图 5-19　建筑空间不同 HCOH 暴露浓度的影响

最后，作为影响人体健康的重要污染物 PM2.5（悬浮颗粒物），富含大量的有毒、有害物质，被吸入人体后会进入支气管，干扰肺部的气体交换，引发包括哮喘、支气管炎和心血管病等方面的疾病。特别是，一些研究都表明 PM2.5 的长期暴露与死亡率之间有很强的相关性。已有监测结果表明，尽管室内门窗关闭，但由于门窗缝隙的渗透，室内外空气 PM2.5 浓度比值接近于 1，说明室外污染对室内 PM2.5 浓度水平影响较大。除此之外，在室内也有相应的 PM2.5 来源，包括炊事、吸烟、人员活动、半挥发性有机物、设备运行等。目前，我国室内空气质量标准尚未对 PM2.5 浓度做出限制，在《建筑通风效果测试与评价》JGJ/T 309-2013 中对 PM2.5 的日平均浓度做出了规定。国内外相关标准法规对 PM2.5 暴露浓度要求如图 5-20 所示。

【课外自学】

自学《室内空气质量标准》GB/T 18883-2002 和《民用建筑工程室内环境污染控制规范（2019 版）》GB 50325-2010。

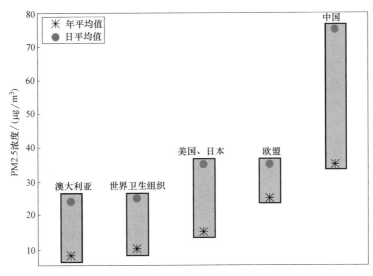

图 5-20　建筑空间不同 PM2.5 暴露浓度的影响

【知识拓展】

1. 查询相关文献资料，学习如何营造健康、舒适的室内环境。

2. 查询相关文献资料，学习和探讨室内空气品质各类标准制订的依据。

3. 查询相关文献资料，对比国内外民用建筑室内空气品质标准的评价指标。

【研究专题】

1. 从中国期刊网查询最新的文献，写一篇 1500 字左右的综述，论述一种典型室内污染物对人体健康的影响。

2. 从国外的数据库资料，如 Elsevier SDOL 电子期刊全文数据库查阅 1～2 篇国外关于室内空气品质评价的学术文章，写出文章的中心思想。

本章参考文献

［1］ Davidson L.，Olsson E. Calculation of age and local purging flow rate in rooms［J］. Building and Environment，1987，22：111-27.

［2］ Zvirin Y.，Shinnar R. Interpretation of internal tracer experiments and local sojourn time distributions［J］. International Journal of Multiphase Flow，1976，2：495-520.

［3］ 李先庭，赵彬. 可及性：用于评价通风系统动态性能的新概念［C］//全国暖通空调专业委员会空调模拟分析学组学术交流会论文集，2004.

［4］ 朱奋飞，李先庭，马晓均. 通风空调系统中被动污染物的稳态分布规律研究［C］//全国通风技术交流大会，2007.

［5］ Jun Wang，Xu Zhang. Method to assess quality and quantity of outdoor ventilation airflow received by occupants［J］. HVAC&R Research，2011，17（4）：465-475.

［6］ Jun Wang，Xu Zhang. A new scale for representing the level of reaction in indoor air as affected by ventilation and source［J］. HVAC&R Research，2012，18（4）：681-691.

［7］ 朱颖心. 建筑环境学（第四版）［M］. 北京：中国建筑工业出版社，2016.

［8］ 张寅平. 中国室内环境与健康研究进展报告［M］. 北京：中国建筑工业出版社，2012.

［9］ Wouter B，De Gids W.，Logue J.，et al. Technical note AIVC 68 Residential ventilation and health

［M］. Belgium：INIVE EEIG，2016.

［10］ ATSDR. Minimal Risk Levels（MRLs）for Hazardous Substances（March 2016）［M］. Atlanta，GA，UAS：Agency for Toxic Substances and Disease Registry，2016.

［11］ WHO. WHO Air quality guidelines for particulate matter，ozone，nitrogen dioxide and sulfur dioxide：global update 2005：summary of risk assessment［M］. Copenhagen，Denmark，WHO Regional Office for Europe，2006.

［12］ WHO. WHO Guidelines for indoor air quality：selected pollutants［M］. Denmark：WHO Regional Office for Europe，2010.

［13］ OEHHA. All OEHHA acute，8-hour and chronic reference exposure levels（chRELs）as of June 2016［EB/OL］.
http：//oehha. ca. gov/air/general-info/oehha-acute-8-hour-and-chronic-reference-exposure-level-rel-summary.

［14］ ASHRAE. ASHRAE Handbook - Fundamentals［M］. Atlanta，GA，USA：ASHRAE，2013.

［15］ ASHRAE. ANSI/ASHRAE Standard 62. 1-2016 Ventilation for acceptable indoor air quality［S］. Atlanta，GA，USA：ASHRAE，2016.

［16］ International WELL Building Institute. WELL Air quality standards（January 2017 version）［EB/OL］. ［2017-04-23］. https：//standard. wellcertified. com/air/air-quality-standards.

［17］ USGBC. LEED v4 Indoor air quality assessment［EB/OL］. ［2017-04-23］. http：//www. usgbc. org/resources/table-1-maximum-concentration-levels-contaminant-and-testing.

［18］ Nielsen G. D, Mechanisms of activation of the sensory irritant receptor by airborne chemicals［J］. Toxicology，1991，21（3）：183-203.

［19］ 杨旭，鲁志松，严彦. 空气污染物甲醛诱发过敏性哮喘的分子机理［C］//环境污染与健康国际研讨会，2005.

［20］ Nielsen G. D, Hansen L. F. & Alarie Y, Chemical，microbiological，health and comfort aspects of indoor air quality- state of the art in SBS［M］. Netherlands：Brussels&Luxembourg，1992.

［21］ Hoang C P, Kinney K A, Corsi R L. Ozone removal by green building materials［J］. Building and Environment，2009，44：1627-1633.

［22］ 宋广生. 室内空气质量标准解读［M］. 北京：机械工业出版社，2003.

［23］ 文远高. 室内外空气污染物相关性研究［D］. 上海：上海交通大学，2008.

［24］ World Health Organization. WHO guidelines for indoor air quality：selected pollutants［M］. WHO Regional Office for Europe，2010.

［25］ 中国环境科学研究院. 环境空气质量标准 GB 3095—2012［S］. 北京：中国环境科学出版社，2012.

第6章 室内通风与净化技术的应用

【知识要点】

1. 居住建筑新风系统与净化设备原理、类型。

2. 公共建筑新风净化系统原理、特点。

3. 洁净空调系统的类型与设计方法。

4. 洁净空调负荷的特点与节能措施。

【预备知识】

1. 空气净化技术。

2. 洁净室类型与特点。

【兴趣实践】

调研不同类型医院的病房、手术室，了解其空调系统形式和日常管理措施。

【探索思考】

1. 如何根据不同住宅所处气候条件和大气污染状况选择合理的室内空气品质保障措施？

2. 对于大型写字楼，如何选择新风系统类型及运行模式，实现空气品质保障和节能双重目标？

3. 针对居住建筑测试分析空气净化器放置在室内不同位置或房间时，在改善室内空气品质效果方面有无差异及特征？

6.1 居住建筑新风系统与净化设备

世界卫生组织的报告指出：全球居室污染严重，在 21 个室内空气污染最为严重的国家里，导致了 5％的发病率和死亡率。全国首届室内空气质量与健康学术研讨会曾公布一个惊人的数字：我国每年因室内空气污染引起的超额死亡人数高达 11.1 万人。2011 年中国环境科学学会室内环境与健康分会等多方联合发起"2011 长江流域城市室内空气品质调查"，调查报告显示，被调查的七个城市居民家中主要污染物均有不同程度的超标，室内空气质量整体不容乐观。居民对室内空气质量的总体满意度只有 40％左右，且多数市民对室内空气污染的来源以及控制方法的认知尚存在较大局限性。

近年来最受关注的污染源有两个：一是通过门窗进入室内的室外雾霾；二是室内装饰装修所产生的 VOCs。如果污染物仅仅是在室内产生的，那么通过前面章节所述的各种通风策略，就能对室内污染物起到良好的控制作用。然而，由于我国现阶段处于工业化快速发展期，室外空气污染在有些地方依旧很严重。那么采用传统的通风换气手段虽然能带走室内的 VOCs，却也会引入室外的雾霾，这肯定是不能被接受的。因此，需要采取室内空气净化设备或者新风设备，来净化室内的空气以及室外通过门窗引入的空气。本节主要介绍目前的新风净化设备和空气净化设备。

6.1.1　家用新风系统工作原理及类型

英国专家奥斯顿·淳以（Alston·ceeyee，1899～1971 年）于 1935 年制造出了世界上第一台可以净化空气的热交换设备，称之为新风系统。1956 年，英国政府首次颁布《清洁空气法案》；1958 年，欧洲率先提出现代室内新风概念，并同时推出适用于各类场所的低噪声高静压送风机；1970 年，美国颁布《清洁空气法》，对每一种空气污染物都规定了法定的最高限度，日本修改了《大气污染防治法》；1974 年，法国引进新风系统，英国颁布《空气污染控制法案》；1999 年，新风系统在英国的销售量达 7500 万台，97.81% 的室内环境安装了新风系统；2000 年，欧盟统一了住宅新风标准；2003 年，日本新风系统的安装被列为法规，成为一种房屋标配；2005 年，美国新风系统的年销售量突破 2100 万台；2008 年，在日本的销售量为 1500 万台，年增长量为 23.51%；2017 年，新风在欧美家庭的普及率已经高达 96.56%。这是新风系统在世界上的主要发展历程。

我国新风系统的发展比国外晚了近二十年，1974 年我国诞生首台换气扇，这是新风系统的早期雏形；1987 年我国颁布《采暖通风与空气调节设计规范》GBJ 19-87；2003 年我国第一部由卫生部、环保总局、质检总局联合制定的《室内空气质量标准》GB/T 18883-2002 正式实施；2013 年中央电视台报道，空气净化器迅速进入了人们的生活；2014 年《住宅新风系统技术规程》列入编制计划，由中国建筑科学研究院和福建省建筑科学研究院主编起草，成为我国第一部关于住宅新风系统的技术标准，也是首次由国家部委层面推进新风系统走进普通住宅，同时房地产商也有意向把新风系统作为房地产标准配置之一；2018 年我国第一部新风系统国家标准《通风系统用空气净化装置》GB/T 34012-2017 正式批准实施。

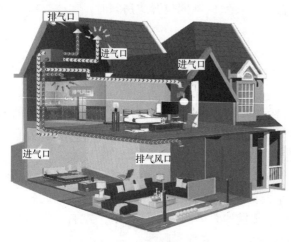

图 6-1　新风系统原理

新风系统的工作原理：如图 6-1 所示，新风系统是由新风主机、新风管道、送回风口、控制系统组成的一套独立空气处理系统。一般民用建筑新风系统的主机大都吊装在顶棚内（如厨房或卫生间顶棚），通过管道与室外及室内各屋的进、排风口相连，通过控制面板启动主机后，室内污染的空气经排风口及主机排往室外，使室内形成负压，室外新鲜空气便经进风口进入室内，在室内形成"新风流动场"，过滤掉室外污染物如汽车尾气、PM2.5 等，同时给室内人员提供高品质的新鲜空气，满足室内人员的新风换气需要。

新风系统的作用：不用开窗也能享受大自然的新鲜空气，满足人体的健康需求；仅靠关闭门窗是无法杜绝室外 PM2.5 进入室内的，新风系统能有效驱除 PM2.5、异味、细菌、病毒等各种细微有害物质；能将室内潮湿、污浊的空气排出，防止发霉和滋生细菌，有利于延长建筑及家具的使用寿命。

另一方面，新风系统按气流的组织方式分为无管式单向流（窗式）新风系统、管道式单向流新风系统、管道式双向流新风系统（含壁挂式）。

1. 无管式单向流（窗式）新风系统

卧室安装动力通风器，客厅安装自然或电动通风器，通过卫生间或者厨房排风，实现气体循环流，形成窗式新风系统。其缺点是只能简单去除大颗粒的尘埃。

2. 管道式单向流新风系统

排风口安装在厨房、卫生间等污浊空气积聚的地方，污浊空气通过排风机集中排至室外。需要保持室内清新的卧室、客厅窗户的上方安装进风口，室外空气通过进风口处理后流入室内。自平衡式进风口能保证恒定的新风量，排风机每个管道口上也有平衡装置，保证恒定的排风量。这种系统安装简单，适宜装修后的房子，其缺点是过滤手段比较差，无能量回收。

3. 管道式双向流新风系统

双向流即"机械进风，机械排风"系统，由一组强制送风系统和一组强制排风系统组成。与单向流的区别是送风形式由自然风改为机械送风，室外空气由送风系统的管道进入室内，排风通过排风系统管道排至室外，新风及排风的流动方向、新风口及排风口，可以根据特定要求进行布置。双向流分为无热回收和有热回收两种设备，一般都会在机器进风和排风之间设置热回收器，回收显热和全热（显热＋潜热）。

全热交换新风系统是基于双向流新风系统的基础上改进的一种具有热回收功能的送排风系统。它的工作原理和双向流相同，不同的是送风和排风由一台主机完成，而且主机内部加了一个热交换模块，可快速吸热和放热，保证了与空气之间充分的热交换。排出室外的空气和送进室内的新风在这个全热交换装置里进行换热，从而达到回收冷量、热量的目的，节约了空调能源，在改善室内空气品质的基础上，尽量减少对室内温度的影响。

4. 地送风系统

由于二氧化碳比空气重，因此越接近地面含氧量越低，从节能方面来考虑，将新风系统安装在地面会得到更好的通风效果。从地板或墙底部送风口或上送风口所送冷风在地板表面上扩散开来，形成有组织的气流组织；并且在热源周围形成浮力尾流带走热量。由于风速较低，气流组织紊动平缓，没有大的涡流，因而室内工作区空气温度在水平方向上比较一致，而在垂直方向上分层，层高越大，这种现象越明显。由热源产生向上的尾流不仅可以带走热负荷，也可将污浊的空气从工作区带到室内上方，由设在顶部的排风口排出。底部风口送出的新风、余热及污染物在浮力及气流组织的驱动力作用下向上运动，所以地送风新风系统能为室内工作区提供良好的空气品质。地送风虽然有一定的优点，但也有其适用条件：一般适用于污染源与发热源相关的场所，且层高不低于 2.5m，此时污浊空气才易于被浮力尾流带走；对房间的设计冷负荷也有一个上限，目前的研究表明，如果有足够的空间来安装大型送风散流装置的话，房间冷负荷过大，置换通风的动力能耗将显著加大，经济性下降；另外地送风装置占地、占空间的矛盾也更为突出。

6.1.2　家用新风系统选型设计方法

选型设计的基本原则包括：定义新风路径——新风从空气洁净区域进入，由污浊处排出，确定合理的气流组织；确定房屋内最小排风量——满足人们日常工作、休息时所需的新鲜空气量；定义新风供给时间——保证按照需求提供连续的新风供给。

选型设计的基本步骤如下：

（1）确定合理的新风量，即根据人均住宅面积，选择换气次数。主要考虑卫生要求；补充局部排风量；保持空调房间的"正压"要求。

（2）计算新风负荷，包括冷热负荷、湿负荷。

（3）选择新风系统形式，主要考虑房间使用要求、新风机及管道安装条件、送排风口安装位置、热回收要求等因素。

（4）根据室内空气质量控制目标，选择新风系统、空气净化装置和热回收装置的规格型号，主要考虑风量、过滤效率、热回收效率、电压、电流、功率、噪声等。

（5）确定新风系统智能运行模式，例如在制冷季节，当新风温度低于室内温度时，自动由全热交换模式转换为旁通通风模式，使引入的新风不与室内排风进行全热交换，直接引入室外新风，节省室内机负荷，当新风温度高于室内温度时，再自动切换至全热交换模式。

6.1.3 空气净化器工作原理及类型

空气净化器又称"空气清洁器"，是指能够吸附、分解或转化各种空气污染物，包括粉尘、花粉、异味、细菌及 PM2.5 等，能有效提高空气清洁度的设备。空气净化器包括主动式净化和被动式净化两类。

1. 被动式净化类（滤网净化类）

主要原理是：用风机将空气抽入机器，通过内置的滤网过滤空气，主要能够起到过滤粉尘、异味、有毒气体和杀灭部分细菌的作用。滤网又分：集尘滤网、去甲醛滤网、除臭滤网、HEPA 滤网等；其中成本比较高的就是 HEPA 滤网。HEPA 过滤型空气净化器主

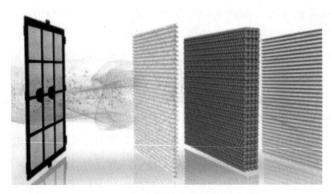

要由风机和高效过滤器 HEPA 组成，机器内的风机转动，吹动空气通过机器内的 HEPA 过滤器后将各种污染物清除或吸附，工作原理如图 6-2 所示。HEPA 过滤器能够有效滤除 $0.3\mu m$ 以上的可吸入颗粒物、烟雾、细菌，过滤效率达 99.97% 以上。

图 6-2 空气净化器滤芯结构示意图

此外，可采用活性炭吸附技术。活性炭是一种多孔性吸附材料，不溶于一般常见的各种溶剂，除了在高温下同一些强氧化剂发生反应外，在一般正常环境下物理性质和化学性质都很稳定。根据《活性炭分类和命名》GB/T 32560-2016，活性炭可以分为四大类：煤质活性炭、木质活性炭、合成材料活性炭以及其他类活性炭。

2. 主动净化类（无滤网型）

这类空气净化器的主动杀菌原理可分为以下技术：

（1）银离子净化技术。简单地说就是把银块离子化吹到空气中，以起到杀菌的效果。其缺点是成本高，细菌杀灭率低，对病毒几乎没有杀灭特性。

（2）负离子技术。主要原理是运用静电释放负离子，使集中空气中的粉尘起到降尘作用，同时负离子对空气中的氧气也有电离成臭氧的作用，对细菌有一定的杀灭作用，生产

成本较低。

（3）臭氧净化技术。臭氧净化技术几乎能够杀死各类细菌、病毒。臭氧在常温和常压下化学结构不稳定，能够很快自行分解成单个氧原子（O）和氧气（O_2）；前者具有极强的氧化性，通过破坏细菌等微生物的细胞组织和 RNA，将其杀死。将臭氧杀菌净化设备关机后，多余的氧原子（O）会在约半小时后自行重新结合成为氧气（O_2）。

（4）静电除尘技术。静电除尘的工作原理是用高压直流电源产生高压静电场，形成电晕放电。空气通过电晕区时，电晕产生的带电粒子会与空气中的粉尘颗粒相碰，粉尘颗粒带上电荷后在电场力的作用下就会定向运动，最终沉积下来被收集，从而去除空气中的粉尘颗粒，达到净化空气的效果。

（5）低温等离子技术。主要原理是：通过给气体外加电压至气体的放电电压，使气体被击穿，产生各种强氧化性的低温等离子，并在极短时间内把接触到的污染物分解掉。这种技术一般用于工业废气处理，化学反应后产生二次污染，若要应用到家用空气净化器中，需要做人体安全测试以及相应的二次污染处理技术。

（6）光触媒技术。光触媒实际是利用半导体在光线的照射下，释放其强氧化力的自由基的技术。优点是产品成本较低，缺点是自由基活性导致其在空气中停留的时间较短，对病毒及细菌的杀灭效果也有限。

（7）净离子群技术。是一种将空气中的水分子直接电离成 H 自由基和 OH 自由基，同时再包裹水分子的技术。OH 自由基对病毒和细菌的杀灭率超过臭氧，在空气中停留时间也比臭氧长。净离子群离子技术使 OH 自由基外包裹一层水分子，保持其在空气中的存在时间，同时利用细菌及病毒的倾水性，能够更快速地对细菌及病毒进行杀活作业。

（8）水膜净化技术。水膜净化是将水喷到适当目数的纱网上形成水膜，然后让空气以一定的速度通过水膜。空气中的污染物会因拦截作用、扩散作用、重力和惯性的作用溶于水中，最终水会在重力的作用下落入纱网下方的水槽中。也可以向水中添加抗菌剂，实现杀菌。

3. 主动净化与被动净化结合

主被动相结合的空气净化器所运用的技术包括滤网＋净离子群技术、滤网＋负离子技术、HEPA＋活性炭＋负离子技术、紫外线＋臭氧净化技术等。

根据目前空气净化器的应用情况可以发现，针对悬浮颗粒物，主要的净化技术是过滤、静电、负离子和水洗净化，过滤法是目前普遍采用的颗粒物净化手段。针对有害气体最有效也是目前最常用的方法是吸附，活性炭因其简单、有效、成本低而成为广泛使用的吸附材料，其次是光触媒和等离子体净化方法较为有效。针对微生物最高效的净化方法是紫外线照射，其次是光触媒和等离子体净化，过滤网对直径较大的细菌有效，但对病毒无效。

从各种净化技术的原理和特点不难发现，目前单一的技术不可能处理空气中的所有污染物。因此，需要利用净化技术间的协同效应。所谓"协同效应"是指两种或多种技术联合使用的效果比每种技术单独作用的效果之和大的现象。净化技术间的耦合有利于将各自的性能优势更有效地发挥出来，或能克服各自在净化过程中的不利因素，如吸附＋光催化技术、低温等离子体＋光催化技术等。

6.1.4　空气净化器技术参数选择

空气净化器主要的技术指标如下：

1. 洁净空气量

洁净空气量（Clean Air Delivery Rate，*CADR*）即空气净化器在额定状态和规定的试验条件下，针对目标污染物（颗粒物和气态污染物）净化能力的参数，表示空气净化器提供洁净空气的速率。一般通过 *CADR* 计算净化器的适用面积 *S*。适用面积指：空气净化器在规定的条件下，以净化器明示的 *CADR* 值为依据，经《空气净化器》GB/T 18801-2015 附录 *F* 规定的算法推导出的，能够满足对颗粒物净化要求所适用的（最大）居室面积。

CADR 越大，适用的房间面积越大，表示处理能力越强。但由于室内气流组织和污染物均匀度等问题，*CADR* 大到一定程度后，将难以全面有效控制对应范围的空气质量。

2. 累积净化量

累积净化量（Cumulate Clean Mass，*CCM*）指空气净化器在额定状态和规定的试验条件下，针对目标污染物（颗粒物和气态污染物）累积净化能力的参数；表示空气净化器的洁净空气量衰减至初始值 50％时，累积净化处理的目标污染物总质量。

CCM 主要决定净化器滤芯的净化寿命，原则上 *CCM* 越大，滤芯可以用得越久。*CCM* 与净化器所选用的净化技术直接相关，例如大部分空气净化器对颗粒物的净化是通过 HEPA 技术完成的，而对甲醛的净化是通过活性炭技术完成的。如果对颗粒物净化采用静电除尘技术、对甲醛净化采取光触媒等技术，则净化过程不直接损失净化材料，便没有更换相应材料的过程，也就是 *P* 和 *F* 级别可以远超最高值。

6.2　公共建筑新风净化系统

6.2.1　独立新风系统

独立新风系统（Dedicated Outdoor Air Systems，DOAS）是指新风系统独立，由低温送风新风机组、空气净化装置、全热交换器、自动控制系统等组成。

独立新风系统 DOAS 具备以下特点：新风机组采用低温送风机组，机组出风温度低于 7℃，新风机组除了承担新风负荷外，还承担室内全部潜热负荷和部分显热负荷或全部空调负荷；室内剩余显热负荷由其他显冷设备承担，这些显冷设备可以是辐射冷吊顶＋风机盘管机组＋水源热泵等，显冷设备均无回风系统；由于采用独立新风系统时，室内温度和湿度明显低于室外，因此新风和排风之间采用全热交换器，进一步降低能耗；由于送入的新风温度等于或低于 7℃，因此为了防止送风口表面结露，同时保证室内合理的换气次数，需要采用诱导比较大的诱导风口。

6.2.2　温湿度独立控制空调系统的独立新风系统

温湿度独立控制空调系统采用温度和湿度两套独立的空调系统，分别控制、调节室内的温度与湿度，全面调节室内热湿环境，从而也避免了常规空调系统中温湿度联合处理所带来的能量损失和不舒适感，如图 6-3 所示。

应用温湿度独立控制空调系统的一个关键问题是让新风承担室内所有的湿负荷，末端的风机盘管不用承担湿负荷，干工况运行，才可以用 17℃左右的高温冷水控制室内温度，实现温度、湿度的独立控制。然而，对于如何确定温湿度独立控制空调系统中的新风量和送风湿度需要合理的方法。

1. 新风量选取原则

（1）满足人员卫生要求。根据《公共建筑节能设计标准》GB 50189-2015 的要求确

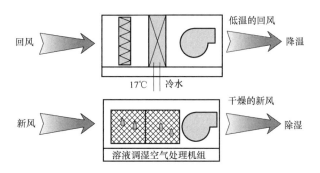

图 6-3 温湿度独立控制空调系统原理

定满足人员卫生要求的最低新风量。

（2）满足去除室内全部湿负荷的要求。干燥新风进入室内后，置换出同样风量的相对潮湿的室内空气，进入室内的干燥新风与排出室外的室内排风之间的含湿量差，就是独立新风的除湿能力。

（3）满足新风机组的除湿极限。新风处理后所需的送风含湿量不能低于新风机组的最低送风含湿量。

（4）最终的新风量需要同时满足上述三个要求，即在满足人员卫生要求和室内除湿需求的两个新风量中取最大值。

2. 送风含湿量

温湿度独立控制空调系统的新风量与送风参数之间存在一定的耦合关系，即新风需要承担室内全部的湿负荷。当室内总的产湿量一定，也就是新风需要去除的湿负荷一定时，如果新风量增大，则送风含湿量会升高，新风机组的除湿要求会降低；反之，当新风量减小时，送风含湿量就会降低，对新风机组的除湿能力要求会提高，甚至会超出新风机组的除湿能力范围。

6.2.3 多联机空调新风系统

多联机空调发展时间较短，最初的多联机空调甚至缺少新风处理系统。随着多联机空调系统应用领域的不断扩展和人们对生活品质要求的提高，多联机空调渐渐引入了新风处理系统，但新风的问题一直是多联机空调系统设计的难点，也很大程度上限制了多联机空调系统的进一步应用。早期的多联机空调新风是将多联机空调系统的普通室内机作为新风机来处理新风，这种方法由于系统较简单，在工程中运用较多，但由于多联机空调系统的室内机盘管是根据空调回风状态设计的，而不是按新风状态设计的，所以一方面室内机不能将新风处理到室内状态点，部分新风负荷需要由室内机负担，另一方面在室外温度较高时，会使室外机长时间超负荷运转，出现过流保护。目前，较成功的多联机空调新风系统的处理方式有两种：一种是采用热回收装置；另一种是采用高静压新风机组。

应用全热交换机在向房间补充新风的过程中，应用室内排风的冷量来预冷新风，将会在很大程度上降低新风负荷，比较节能，这种方式适用于有排风要求的场合。但是需要对于新风口和排风口进行布置合理，主要是因为该系统复杂，并且由新风和排风交叉污染的情况。

6.3 洁净空调系统与设备

6.3.1 洁净空调系统的类型及特点

洁净空调系统基本由三部分设备组成：其一是向系统提供热量、冷量的热源、冷源及其管路系统，即冷热源；其二是加热或冷却、加湿或去湿以及净化设备，即空气处理设备；其三是将处理后的空气送入各洁净室并使之循环的空气输送设备及其管路，即输送设备及通风管道。

洁净空调系统包括集中式洁净空调系统和分散式洁净空调系统两种类型。其中，集中式洁净空调系统又分为单风机系统和双风机系统、风机串联系统和风机并联系统；分散式洁净空调系统又包括在集中空调的环境中设计局部净化装置和在分散式柜式空调送风的环境中设计局部净化装置。

1. 集中式洁净空调系统

单风机系统如图 6-4 所示，具有空调机房占用面积小的优点，但同时也有风机压头大、振动大、噪声大的局限。若采用双风机系统，如图 6-5 所示，可以分担系统阻力。

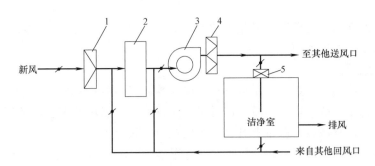

图 6-4　单风机系统

1—粗效过滤器；2—温湿度处理室；3—风机；4—中效过滤器；5—高效过滤器

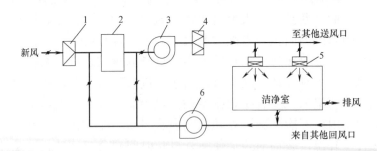

图 6-5　双风机系统

1—粗效过滤器；2—温湿度处理室；3—送风机；4—中效过滤器；5—高效过滤器；6—回风机

另外，由于空调调节所需风量远远小于净化所需风量，因此洁净室回风绝大部分只需过滤就可以再循环利用，而不需进行热、湿处理。从节省投资和运行费用的角度考虑，可将空调部分和净化部分分开，且空调处理用小风机，净化处理用大风机，同时将两台风机串联起来构成如图 6-6 所示的风机串联系统。

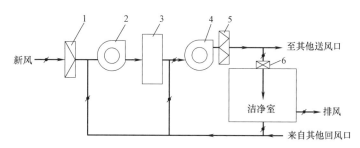

图 6-6 风机串联系统

1—粗效过滤器；2—温湿处理风机；3—温湿度处理室；

4—洁净循环总风机；5—中效过滤器；6—高效过滤器

当空调机房布置多台洁净空调系统时，可以几台系统并联，并联系统共用一个新风机组，如图 6-7 所示。

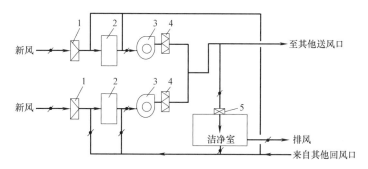

图 6-7 风机并联系统

1—粗效过滤器；2—温湿度处理室；3—风机；4—中效过滤器；5—高效过滤器

集中式洁净空调系统主要有如下特点：（1）在空调机房内对空气进行集中处理，进而送进各个洁净室；（2）设备集中于机房，噪声和振动容易处理；（3）一个系统控制多个洁净室，要求各洁净室同时使用系数高；（4）集中处理后的洁净空气送入各洁净室，以不同的换气次数和气流形式来实现各洁净室内不同的洁净度。集中式洁净空调系统适用于工艺生产连续、洁净室面积较大、位置集中、噪声和振动控制要求严格的洁净厂房。

2. 分散式洁净空调系统

分散式洁净空调系统一种做法是在集中空调的环境中设计局部净化装置，如图 6-8 所示。所以，这种分散式洁净空调系统也可以称为半集中式洁净空调系统。

分散式洁净空调系统另一种做法是在分散式柜式空调送风的环境中设计局部净化装置，如图 6-9 所示。

6.3.2 洁净空调机组设备

洁净空调机组一般包括柜式净化空调机组、组合空调机组和净化新风机组。

1. 柜式净化空调机组

柜式净化空调机组是一种能提供恒温恒湿，并对空气进行净化的空调机组。在空调机的回风口及出风口设有过滤器，并在过滤器前后设有压差开关。按照冷凝器的冷却方式，分为水冷和风冷两种；根据用途，分为冷风机、冷热风机和恒温恒湿机。

柜式净化空调机组在恒温恒湿的基础上，能对空气进行净化处理，使净化（洁净）空

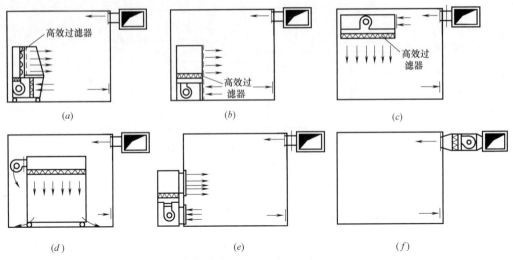

图 6-8　分散式洁净空调系统做法一

（a）室内设置净化工作台；（b）室内设置空气自净器；（c）室内设置层流罩；
（d）室内设置洁净小室；（e）走廊或套间设置空气自净器；（f）送风增设高效过滤器送风机组

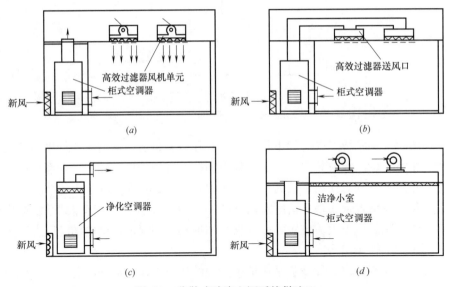

图 6-9　分散式洁净空调系统做法二

（a）柜式空调器与高效过滤器风机机组；（b）柜式空调器与高效过滤器送风口；
（c）柜式净化空调器；（d）柜式空调器与洁净小室

调系统简单化。柜式净化空调机组适用于对空气洁净度要求较高的场合，一般需在末端安装高效、亚高效过滤器。

2. 组合空调机组

组合空调机组由不同的功能段（空气处理段）组合而成，可以根据洁净区的需要选择不同的功能段。一般有以下几段：新回风混合段（带调节阀）、粗效过滤器段、加热段、表面冷却段、加湿段、二次回风段、过渡段、风机段、消声段、热回收段、高中效过滤器段、出风段。组合式空调器不带制冷压缩机，另由制冷系统供给冷媒，组合空调机组根据需要进行功能段组合，使用灵活。组合空调机组适用于空气洁净度要求高的场合。

组合空调机组包括工业用组合空调机组和医用组合空调机组。其中，医用组合空调机组的特点是：将热交换盘管设置在正压段，消除了盘管积水不易排水的问题，杜绝了因积水而滋生细菌、污染和臭气；亲水膜平翅片，防止铝箔表面形成小水珠，减少气流中的水滴，平翅片也不易积尘、滋菌；吹风或特殊自循环的消毒办法，保持表冷器等易带菌部分无菌；将高中效过滤器设在风机后的均流板与盘管之间，使中效过滤器满足机组正压段的要求，保护蒸发盘管，减少积尘和积菌。

3. 净化新风机组

净化新风机组是一种能提供恒温恒湿，并对新风进行三级过滤（粗效、中效、亚高效）的空调机组。净化新风机组过滤器面积小，维护管理方便，增加费用少。

6.3.3 洁净室设计方法

洁净室设计一般步骤如下：

（1）根据工艺要求确定洁净室的洁净度等级，选择气流流型，并决定采用全室空气净化还是局部空气净化。

（2）计算新风量。系统新风量满足补偿室内排风量和保持室内正压值所需新鲜空气量之和；保证供给洁净室内每人的新鲜空气量不小于 $40\mathrm{m}^3/\mathrm{h}$。

（3）计算洁净室的冷、热负荷。与舒适性空调不同的负荷特点包括：洁净室一般处于内区、排风所引起的新风负荷、有时洁净区长期供冷；其中，室内温湿度选择需考虑生产工艺要求、人员净化及生活要求。

（4）计算送风量。取下列三项中的最大值：为保证空气洁净度等级的送风量；根据热、湿负荷计算确定的送风量；向洁净室内供给的新鲜空气量。

（5）根据送风量、冷热负荷和选择的气流组织形式，计算气流组织各参数。

（6）确定空气加热、冷却、加湿、减湿等处理方案，用一次回风还是二次回风。

（7）根据工艺要求或气流组织计算时确定的送风温差及室内外计算参数，在 h-d 图上确定各状态点，计算空调器处理风量及洁净室循环风量。

（8）计算总的冷、热负荷，选择空气处理设备。

（9）校核洁净室内的微粒浓度和细菌浓度。

其中，洁净室用净化空调系统应按其所生产产品的工艺要求确定。一般不应按区域或简单地按空气洁净度等级划分。净化空调系统的划分原则如下：

（1）一般空调系统、两级过滤的送风系统与净化空调系统要分开设置；

（2）运行班次、运行规律或使用时间不同的净化空调系统要分开设置；

（3）单向流系统与非单向流系统要分开设置（局部单向流除外）；

（4）产品生产工艺中某一工序或某一房间散发的有毒、有害、易燃易爆物质或气体对其他工序或房间产生有害影响或危害人员健康或产生交叉污染等，应分别设置净化空调系统；

（5）温度、湿度的控制要求或精度要求差别较大的系统宜分别设置；

（6）净化空调系统的划分宜考虑送风、回风和排风管道的布置，尽量做到布置合理、使用方便，力求减少各种风管管道交叉重叠。

洁净室送风方式如下：

（1）根据工艺要求确定洁净室的洁净度等级，选择气流流型。

（2）决定利用全室空气净化还是局部空气净化；从经济上考虑，非单向流经济，尽量少用全室空气净化。

（3）全室空气净化：是以集中净化空调系统，在整个房间内造成具有相同洁净度环境的净化处理方式。

（4）局部空气净化：在一般空调环境中造成局部区域具有一定洁净度环境的净化处理方式。

（5）采用全室净化与局部净化相结合的净化处理方式。

6.3.4 净化空调送风方案

1. 全新风的净化空调送风方案

全新风净化空调送风方案用于特殊的、不允许回风的洁净室的送风方案中。如：洁净室内工艺生产类别为甲、乙类火灾危险等级或工艺过程产生剧毒等有害物不允许回风的洁净送风系统。其原理图和焓湿图如图 6-10 所示。

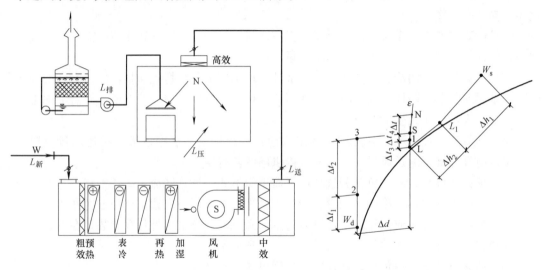

图 6-10　全新风的净化空调送风方案

2. 一次回风的净化空调送风方案

一次回风的送风方案多用在洁净室内的发热量或产湿量很大，消除室内余热或余湿的送风量大于、等于或近于净化送风量的低洁净度等级的非单向流洁净室中。此方案的原理图和焓湿图如图 6-11 所示。

3. 一、二次回风的净化空调送风方案

为了节能、消除空气热湿处理过程中的冷热相互抵消现象，在洁净室净化送风量大于其消除余热、余湿的空调送风量时，最好采用一、二次回风方案，将二次混合点设计在系统送风点上，该方案是最节能、最经济的送风方案。其原理图和焓湿图 6-12 所示。

4. 新风机组（MAU）+循环机组（RAU）的净化空调送风方案

此方案多用于多个洁净室，其洁净度、温湿度要求不同，室内的产热量和产湿量也不相近，为了确保每个洁净室的洁净度、温湿度及其精度的要求，就要设置多个循环机组，

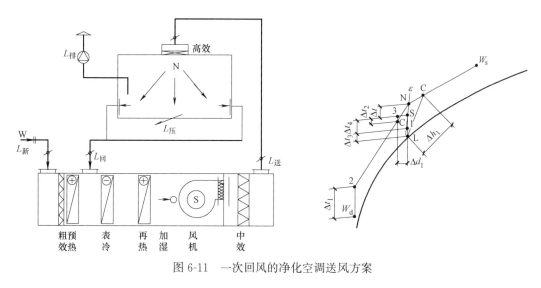

图 6-11　一次回风的净化空调送风方案

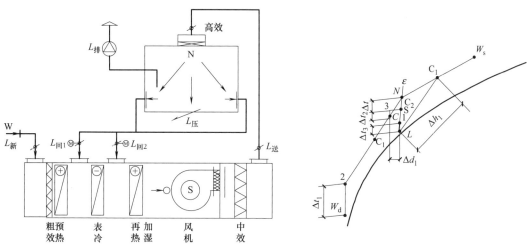

图 6-12　一、二次回风的净化空调送风方案

循环机组的送风量是净化送风量，并且在机组内设置必要的热、湿处理设备，用来补充新风机组热、湿处理的不足和保证该洁净室温、湿度精度的微调节。由于循环机组设在洁净室的顶棚内，循环机组的送风余压相对都较小，机组体积和机组噪声、振动也较小，送回风管也比较短小。但是，要注意循环机组的凝结水排放问题，这种方案的问题往往都出在凝结水排放的处理上。此方案的新风机组设在空调机房内，这些洁净室所需的新风全部由新风机组（MAU）进行净化和热湿的集中处理，然后分配到每一个循环机组内与其回风混合。新风机组的新风量不仅仅要补充各洁净室的排风，还要保证每个洁净室的正压。新风机组的热湿处理最好到某洁净室空气的机械露点上。如果新风热湿处理点低于洁净室的机械露点，新风不仅承担新风本身的湿负荷，而且还将洁净室的湿负荷也消除掉，此时循环机组内的表冷器可为干式表冷器。此方案的原理图和焓湿图如图 6-13 所示。

　5. 空调机组（AHU）＋风机过滤器机组（FFU）的净化空调送风方案

　　此方案中净化空调系统的全部热、湿负荷（洁净室内产生的热、湿负荷及新风的热、

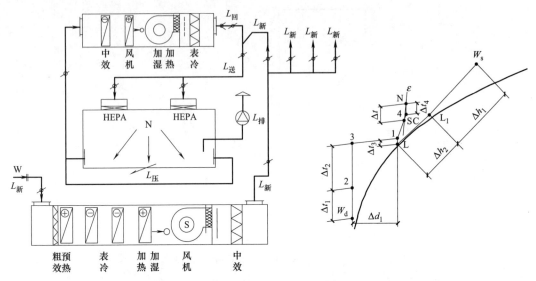

图 6-13　新风机组（MAU）+循环机组（RAU）的净化空调送风方案

湿负荷）全部由设在空调机房内的空调机组来负担。此时，空调机组的送风量是消除本系统余热、余湿的空调送风量（其中包括全部新风和部分回风，但远远小于保证洁净室洁净度等级的净化送风量），它应能确保洁净室内的温度和相对湿度的恒定。而该洁净室的洁净度由设在洁净室顶棚上的风机过滤器机组（FFU）将净化送风量就地循环过滤来保证。此方案中应该注意的是，FFU 运行过程中所产生的热量也应由空调机组来承担。此方案更适合用于在大面积非单向流洁净室内有局部的垂直单向流的混合流洁净室中。其送风原理图和焓湿图如图 6-14 所示。

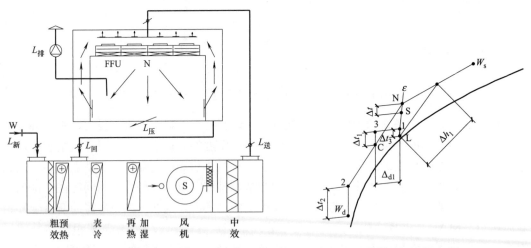

图 6-14　空调机组（AHU）+风机过滤器机组（FFU）的净化空调送风方案

6. 新风机组（MAU）+循环机组（RAU）+风机过滤器单元（FFU）净化空调送风方案

当多个洁净室中有若干个 1 级、10 级、100 级等高净化级别的垂直单向流洁净室时，为了减少循环机组（RAU）的负担和送、回风管道的断面，此时循环机组仅解决该单向流洁净室的空调送风量，以保证洁净室的温度、相对湿度和洁净室的正压，而 90% 以上的绝大部分送风量由设在洁净室顶棚上的 FFU 来负担，以保证洁净室的高洁净度级别。此方案的原理图和焓湿图如图 6-15 所示。

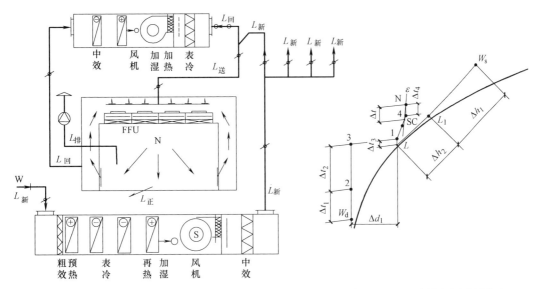

图 6-15 新风机组（MAU）＋循环机组（RAU）＋风机过滤器单元（FFU）净化空调送风方案

7. 新风机组（MAU）＋风机过滤器机组（FFU）＋干冷盘管（DC）的净化空调送风方案

此方案是新风机组将新风处理到洁净室热湿比线与 95％ 相对湿度线交点以下，新风机组不仅将本身的湿负荷去掉，而且还负担洁净室内产生的湿负荷，新风机组要确保洁净室所需要的相对湿度。而新风机组热处理不足的部分干冷负荷由设在洁净室顶棚上（或夹道内）的干表冷器来补充。因干表冷器是设在 FFU 循环空气通过的顶棚上或夹道内，因此，干表冷所弥补的干冷负荷被循环空气带到洁净室内。由新风机组处理过的新风用管道以最能与 FFU 循环空气均匀混合的方式送到洁净室的送风静压箱内。FFU 布置在洁净室的顶棚上，与新风混合的循环风经 FFU 被高效过滤器过滤后送到洁净室内，以保证洁净室的洁净度。FFU 的规格以 1200mm×600mm 和 1200mm×1200mm 居多，其断面风速应为≥0.45m/s，余压应≥120Pa，噪声应≤50dB（A）为好。FFU 的风机风量应可调，高效过滤器应可更换。干冷盘管一般由双排组成，为了减小阻力，铝翅片间距应≥3mm，阻力损失应为 30～40Pa，循环风通过干盘管的面风速应＜2m/s，最好为 1.5m/s。进入干盘管冷水的进水温度应高于洁净室露点温度 2℃，通常称为中温冷水。虽然叫干盘管，但在起始运行时还可能有凝结水产生，因此干盘管还应有凝结水滴水盘和排水措施。此方案中，洁净室的相对湿度由新风机组（MAU）来保证，洁净室的温度由干冷盘管来保证，洁净室的洁净度由 FFU 来保证。这种 MAU 加 FFU 加 DC 的净化空调送风方案，目前在我国和外国的微电子（集成电路）工业、光电子（TFT-LCD、LCD、LED 等）工业等大面积、高洁净度等级的洁净厂房中得以广泛应用，它具有调节方便，节能显著，适应工艺的更新换代，又大大地节省了非生产面积和非生产空间的优点。而且，随着洁净技术和洁净设备的不断发展和进步，FFU 风机的效率不断提高，耗电量不断降低，整体价格不断下降，其初投资也与其他类型的送风方案基本持平，但运行费用大大节省。MAU 加 FFU 加 DC 方案的原理图和焓湿图如图 6-16 所示。

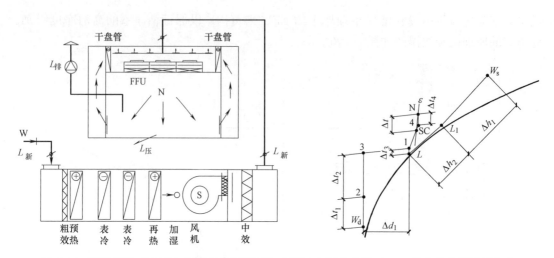

图 6-16　新风机组（MAU）＋风机过滤器机组（FFU）＋干冷盘管（DC）的净化空调送风方案

6.3.5　净化空调负荷特点

洁净空调负荷包括：室内作业人员的散热、散湿负荷；室内照明灯具的散热负荷；洁净室围护结构（墙、顶、地、门、窗）的传热、传湿负荷；生产设备和生产过程的散热、散湿负荷；洁净室新风处理的热、湿负荷，夏季时降温去湿，冬季时加热、加湿；空气循环时风机（或 FFU）的温升和水泵的温升负荷。洁净空调负荷的特点如下。

（1）高级别洁净室（100 级，10 级，1 级）是垂直单向流洁净室，其送风机的风量非常大，换气次数高达 $400\sim500h^{-1}$，而且风机的压头也很高，一般多在 $1000\sim1500Pa$，因此风机温升的负荷大。按理论计算：在集中送风方式的系统中，风机的温升为 1.5℃，仅此一项的负荷就是 $500\sim700W/m^2$；如果采用 FFU 送风方式，风机温升的负荷也要 $250\sim350\ W/m^2$。因此，风机温升的负荷大是其第一个特点。

（2）服务于微电子和光电子的高级别洁净室因工艺排风量大，所以新风量也很大，新风量一般在 $10\sim20h^{-1}$ 换气。因此，处理如此多新风的负荷为 $400\sim800W/m^2$；个别工艺的排风量更大，故新风负荷也还会更大。因此，新风负荷大是其第二个特点。

（3）生产设备和生产过程的散热、散湿负荷大，是高级别洁净室负荷的第三个特点。生产负荷的大小与工艺生产本身的性质、生产设备的密闭、保温、通风以及水冷却的情况有关。

（4）围护结构的传热、照明灯具的散热以及作业人员的发热这三项负荷相对较小，三项负荷之和还不足总空调负荷的 10%（其中：照明负荷为 $25\sim30W/m^2$；围护结构负荷为 $20\sim30W/m^2$；作业人员负荷为 $10\sim15W/m^2$），这是高级别洁净室负荷的第四个特点。

6.3.6　净化空调节能措施

高级别洁净空调负荷中 90% 以上的负荷是新风负荷、风机温升负荷和工艺设备和工艺过程负荷，这也是洁净空调的节能重点。

（1）降低新风空调负荷的节能措施：减少排风量。改进工艺和工艺设备，尽可能不排风、少排风。采取密闭式排风罩在同等的排风效果下尽量减少排风量。减少正压漏风量。加强洁净室围护结构的密封性，既能保持洁净室必要的正压值，又可减少所需的正压漏风量。提高新风空气处理设备的效率。

（2）降低风机温升负荷的节能措施：在确保洁净室洁净度的前提下，尽量减少送风量，尽量用局部高净化来替代全面高净化。加强空调设备和空调系统的密闭性，减少漏风量。采取净化送风与空调送风分离的送风方案，使 90% 的净化送风量就近循环，以减少风机温升负荷。采用 FFU 加新风机组加干盘管的送风方式以减少风机温升负荷。提高风机效率，采取变频措施。

（3）工艺设备和工艺过程的发热是工艺生产本身的问题，只能依靠工艺自己来解决。

（4）合理选择和确定洁净室内的工艺参数（温度、湿度、洁净度）：洁净室的净化空调是重点能耗大户，因此在选择和确定洁净室的洁净度和温、湿度时要慎之又慎。即在满足生产工艺要求的前提下，不应过高、过严要求。否则，其能耗会大幅度上升。有专家分析，计算洁净室内温度放宽 1℃ 时其能耗可节省 3% 左右；其相对湿度放宽 5% 时其能耗又可节省 3% 左右。另外，负荷计算时安全裕量不应留得过大，否则设备的耗电会大大增加，为了今后的发展最好留有动力设备的空位。

（5）优化净化空调系统空气处理过程：净化空调系统空气处理过程的优化对节能的效果十分明显，优化的目的就是减少或消除冷热抵消现象和降低风机温升。在《洁净手术部和医用气体设计与安装》的国家标准图的例题中的计算结果是这样的：对于一级洁净手术室（北京）夏季耗冷量，当采用一次回风系统时是 60kW，而采用二次回风系统时只有 25kW，当采用新风机组深冷抽湿处理时其耗冷量只有 20kW。

（6）合理选择净化空调设备：设计建造洁净室时要选用高效率的净化空调设备（冷机、风机、水泵）；选择低阻高效的过滤设备，风机和水泵的压头选择不宜过高；电动设备最好采取变频措施。

（7）低位热能的利用和废热的回收：低位热能和废热回收的潜力非常大。现在很多专家在这方面进行了大量研究，如：工艺冷却水的回收和利用；喷水汽化潜热的利用；冷水机、空压机废热的回收以及利用冷水和中温水回水混合制造中温水等。

（8）其他措施：加强水管和风管的保温；减少冷热源的跑、冒、滴、漏；采取热回收，充分利用废热；尽量利用天然能源作空调系统的预冷和预热，如：太阳能、地下水、土壤能等；利用蓄冰和蓄热等优惠政策。

【课外自学】

自学洁净空调系统的安装工艺和检测方法。

【知识拓展】

1. 对比分析新风系统和开窗＋空气净化器两种模式在应用于住宅建筑项目上的适用性。

2. 温湿度独立控制空调系统的独立新风系统送风参数如何确定？

3. 结合洁净空调设计方法，如何降低其负荷，实现良好节能效果？

【研究专题】

调研所在城市三个及以上住宅小区的新风系统、空气净化器的安装现状、使用模式，抽样测试代表户型的 PM2.5 浓度、VOCs 浓度、CO_2 浓度，分析其在保证居住建筑室内空气品质方面的实际效果，撰写一份住宅空气品质调研报告。

本章参考文献

[1] 赵玉磊. 新风系统的技术现状与发展前景探讨 [J]. 洁净与空调技术，2019，2：22-25.

[2] 王慧泉. 从输配系统看新风发展趋势 [J]. 中国建筑金属结构，2019，5：54-55.

［3］　郝赫，姜涛，宋晓玲，张建军. 家用空气净化器技术适用性及其参数选择［J］. 制冷与空调，2017，17（2）：5-11.

［4］　石芳芳，邱利民，于川，张林，宋佳，严仁远. 室内空气净化技术及产品综述［J］. 制冷学报，2014，5：14-18.

［5］　殷平，Stanley A. Mumma. 独立新风系统（DOAS）研究：综述［J］. 暖通空调，2003，33（6）：44-49.

［6］　刘拴强，刘晓华，江亿. 温湿度独立控制空调系统中独立新风系统的研究（1）：湿负荷计算［J］. 暖通空调，2010，40（1）：80-84.

［7］　王洪兴. 多联机系统的新风处理及其节能方式［J］. 城市建设理论研究，2013，36：1.

［8］　折建利，黄翔，刘凯磊，耿志超. 自然冷却技术在数据中心的应用［J］. 制冷，2017，36（01）：60-65.

［9］　许钟麟. 洁净室及其受控环境设计［M］. 北京：化学工业出版社，2008.

［10］　王海桥，李锐. 空气净化技术（第二版）［M］. 北京：机械工业出版社，2017.

［11］　冯树根. 空气洁净技术与工程应用（第 2 版）［M］. 北京：机械工业出版社，2017.

附录 1 室内甲醛监测浓度

我国不同城市新装修和既有居住建筑室内甲醛监测浓度

地点	监测时间	监测户数	房间类型	距装修时间	门窗状态	室内浓度（μg/m³）			
						平均	标准差	最小	最大
南充	2012年1月~2014年6月	65（549个样本）	起居室、厨房、卧室	1个月	关闭12h	340	120		
				2个月		440	210		
				3个月		280	110		
				6个月		140	80		
				9个月		120	60		
				12个月		90	30		
无锡	2009年	84	起居室、卧室	约3个月	关闭12h	130	160		
	2010年					60	60		
	2011年					60	50		
	2012年					60	30		
	2013年					70	80		
南阳	2013年3月~2013年11月	154（413个样本）	起居室、卧室	<3个月	依据《民用建筑工程室内环境污染控制规范》GB 50325-2010	405		178	586
				3~6个月		254		69	441
				6~12个月		139		23	339
				12~18个月		96		5	234
上海	2011年10月~2012年11月	84（288个房间）	起居室、书房、卧室	<4个月	关闭12h	62	14	194	754
				4~12个月		117	16	504	1754
				13~24个月		61	8	134	884
				25~36个月		76	5	344	1004
				36~44个月		55	6	134	754

地点	监测时间	监测户数	房间类型	距装修时间	门窗状态	室内浓度（μg/m³）			
						平均	标准差	最小	最大
北京	2009年3月~2009年5月	48	卧室	>12月	关闭12h	50	30		
武汉	2009年5月	78			依据 GB 50325-2001	260	170		
新乡	2009年~2011年	22	22个起居室，24个卧室，12个书房	<1个月		962		81	169
				1~2个月		862		60	86
				3~5个月		622		32	62
				6~9个月		572		22	87
南宁	2010年7月~2011年6月	73	起居室，书房，卧室	新装修	关闭12h	1191		20	670
北京	2008年7月~2012年9月	383	未注明	<12个月	未控制	131	90		
杭州	2007年	557个房间	1999个卧室，136个书房，189个起居室	<12个月	关闭	149	111	6	664
	2008年	980个房间				109	96	5	739
	2009年	787个房间				74	64	10	776
兰州	2011年7月~2011年12月	10	未注明	1~3个月	关闭	340		100	1500
		10		3~6个月		210		80	1420
		10		6~9个月		90		70	1330
		10		9~12个月		70		50	1100
北京	2009年11月~2009年12月	210	起居室，厨房	<60个月	关闭	28	28	0.2	213
				>60个月		16	14		
成都	2010年9月~2011年6月	96（421个房间）	起居室，书房，卧室	1~6个月	依据 GB/T 18883-2002	110		20	540
肇庆	2008年~2010年	100	未注明	<1个月	关闭12h	172	92		
				>12个月		74	65		
				>24个月		60	59		
上海	2008年4月~2009年12月	20（112个房间）	起居室，书房，卧室，厨房	1~6个月	关闭12h	722		18	1900
长沙	2008年11月~2009年10月	149个房间	起居室，书房，卧室	1~6个月	关闭12h			10	450
		195个房间		7~24个月				10	310

地点	监测时间	监测户数	房间类型	距装修时间	门窗状态	室内浓度(μg/m³)			
						平均	标准差	最小	最大
安阳	2008年7月~2008年10月	148（625个房间）	起居室、餐厅、卧室	约1个月	关闭	290	23	30	960
				约3个月		240	25	40	890
				约6个月		210	25	60	830
				约12个月		110	6	40	230
				约>12个月		60	3	20	140
杭州	2007年1月~2009年12月	42	未注明	6~12个月	关闭12h	1502		10	1000
重庆	2008年7月~2008年11月	37（178个样本）	起居室、书房、卧室	<6个月	依据 HJ/T 167-2004	158	13	2	634
沈阳	2008年~2009年	186（558个样本）	起居室、厨房、卧室	3~6个月	依据 GB 50325-2001	106	68	10	320
				6~12个月		116	99	10	550
				12~24个月		97	110	10	1620
				24~36个月		81	54	10	350
						57	28	10	180
洛阳	2008年3月~2008年10月	32个房间	未注明	<1个月	关闭	80		60	680
		172个房间		2~6个月		80		40	540
		186个房间		7~12个月		80		40	410
		147个房间		>12个月		80		19	200
株洲	未注明	73	未注明	<3个月	关闭4h	264	84		
				4~6个月		247	76		
				7~12个月		163	54		
				>12个月		104	35		
				空房子		65	13		
阳江	2008年1月~2008年12月	60（180个样本）	起居室、卧室	新装修	关闭24h			ND	33340
三门峡	2007年1月~2007年12月	82	未注明	1~3个月	依据 GB/T 18883-2002	310		80	640
				4~6个月		200		50	430
				7~9个月		240		50	610

地点	监测时间	监测户数	房间类型	距装修时间	门窗状态	室内浓度（μg/m³）			
						平均	标准差	最小	最大
三门峡	2007年1月~2007年12月	82	未注明	10~12个月	依据 GB/T 18883-2002 关闭12h	420		80	820
				12~60个月		230		50	700
石家庄	2007年2月~2007年6月	39	起居室，卧室	3~6个月				10	730
温州	2007年4月~2007年5月	501（223个样本）	起居室，书房，卧室	1~2个月	依据 GB 50325-2001	440			
				3~4个月		336			
				5~6个月		91			
		50（38个样本）	储藏室	1~2个月		1070			
				3~4个月		842			
				5~6个月		416			

附录2 室内苯系物监测浓度

我国不同城市新装修和既有居住建筑室内苯系物监测浓度

地点	监测时间	监测户数	房间类型	距离装修时间	门窗状态	苯系物	室内浓度（μg/m³）			
							平均	标准差	最小	最大
北京	2010年7月~2011年12月	1	起居室	2010年6月6日完成装修	关闭12h	苯	146		13	574
						甲苯	116		16	509
						乙苯	42		ND	164
						对二甲苯 / 间二甲苯	29		1	116
						邻二甲苯	27		2	92
						苯乙烯	35		3	203
北京	2009年3月~2009年5月	48	卧室	>1年	关闭12h	苯	11	11		
上海	2011年10月~2012年11月	84（288个房间）	起居室、书房、卧室	<44个月	关闭12h	苯			<25	1195
						甲苯			<50	689
						二甲苯			<100	283
北京	2008年7月~2012年9月	379	未注明	<1年	无控制	苯	17	16	1	48
北京	2009年11月~2009年12月	210	起居室、厨房	未注明	关闭	苯	91	81	1	553
						甲苯	331	651		151
						二甲苯	141	71	0.2	
深圳	2010年11月~2011年11月	30（1800个样本）	未注明	<1年	未注明	苯			20	8650
						甲苯			50	5200
						二甲苯			100	6350

续表

地点	监测时间	监测户数	房间类型	距装修时间	门窗状态	苯系物	室内浓度，μg/m³			
							平均	标准差	最小	最大
南宁	2010年7月~2011年6月	73	起居室、书房、卧室	新修	关闭12h	苯			10	92
						甲苯			10	1400
						二甲苯			25	150
安阳	2008年7月~2008年10月	148 (625个房间)	起居室、餐厅、卧室	1~12个月	关闭	苯	44		10	210
						甲苯	253		10	1720
						二甲苯	190		ND	1620
杭州	2007年1月~2009年12月	42	未注明	6~12个月	关闭12h	苯	793		59	190
						甲苯	1403		46	570
						二甲苯	863		35	190
阳江	2008年1月~2008年12月	60 (180个样本)	起居室、卧室	新修	关闭24h	苯			130	89520
						甲苯			220	134110
						二甲苯			660	56420
三门峡	2007年1月~2007年12月	82	未注明	1~60个月	依据GB/T 18883-2002	苯			20	
						甲苯			210	560
						二甲苯			260	790
石家庄	2007年2月~2007年6月	39	起居室、卧室	3~6个月	关闭12h	苯			25	1030
						甲苯			50	3740
						二甲苯			100	1920

附录 3 民用建筑室内新风量指标

公共建筑主要房间每人所需最小新风量

附表 4-1

建筑房间类型	新风量[m³/(h·人)]
办公室	30
客房	30
大堂、四季厅	10

居住建筑设计最小换气次数

附表 4-2

人均居住面积 F_p	换气次数(h^{-1})
$F_p \leqslant 10m^2$	0.70
$10m^2 < F_p \leqslant 20m^2$	0.60
$20m^2 < F_p \leqslant 50m^2$	0.50
$F_p > 50m^2$	0.45

医院建筑设计最小换气次数

附表 4-3

功能房间	换气次数(h^{-1})
门诊室	2
急诊室	2
配药室	5
放射室	2
病房	2

附表 4-4

高密人群建筑每人所需最小新风量 [单位：m³/(h·人)]

建筑类型	人员密度 P_F(人/m²)		
	$P_F \leqslant 0.4$	$0.4 < P_F \leqslant 1.0$	$P_F > 1.0$
影剧院,音乐厅,大会厅,多功能厅,会议室	14	12	11
商场,超市	19	16	15
博物馆,展览厅	19	16	15
公共交通等候室	19	16	15
歌厅	23	20	19
酒吧,咖啡厅,宴会厅,餐厅	30	25	23
游艺厅,保龄球房	30	25	23
体育馆	19	16	15
健身房	40	38	37
教室	28	24	22
图书馆	20	17	16
幼儿园	30	25	23

备注：本附录引自《民用建筑供暖通风与空气调节设计规范》GB 50736-2012。